应用型本科院校"十三五"规划教材/机械工程类

主　编　王妍玮　于惠力
副主编　邓佳玉　高宇博
　　　　李佳阳　李　军
主　审　杨守成

机械工程专业导论

Introduction of Mechanical Engineering

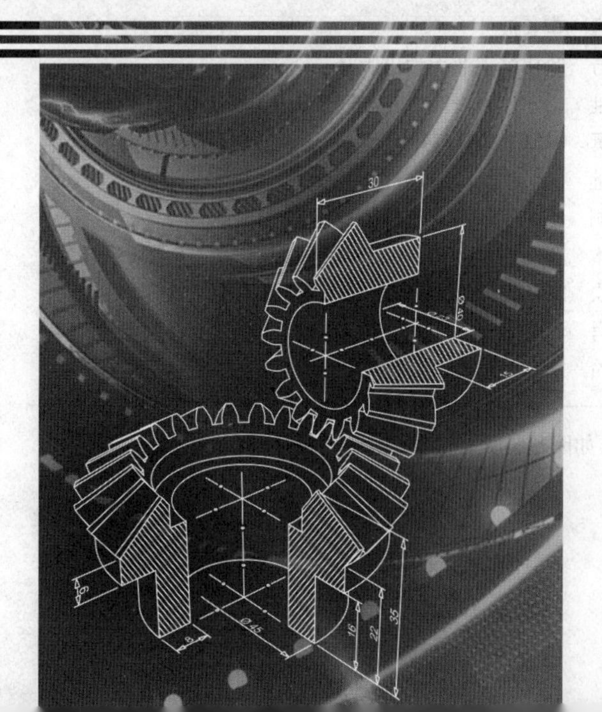

哈爾濱工業大學出版社

内容提要

本书主要介绍机械大类下所包含的各个专业，全书共分6章，第1章绪论，让学生了解机械大类的内涵以及高考按类招生的政策；第2～6章为相关专业简介部分，分别是针对哈尔滨石油学院机械大类下的5个主要的二级专业，即机械设计制造及其自动化、过程装备与控制工程、机械电子工程、工业设计以及材料成型及控制工程的专业描述和典型研究方向的介绍，以进一步增强学生对专业的认同感，激发学生的学习兴趣，避免专业选择的盲目性。

本书是机械大类专业本科生低年级教材，也可作为非机械专业通识知识学习的参考书，还可作为高考考生及家长的参考书。

图书在版编目(CIP)数据

机械工程专业导论/王妍玮，于惠力主编. —哈尔滨：哈尔滨工业大学出版社，2018.7

应用型本科院校"十三五"规划教材

ISBN 978-7-5603-6421-6

Ⅰ.①机… Ⅱ.①王… ②于… Ⅲ.①机械工程－高等学校－教材 Ⅳ.①TH

中国版本图书馆 CIP 数据核字(2018)第102007号

策划编辑 杜 燕
责任编辑 李长波
出版发行 哈尔滨工业大学出版社
社 址 哈尔滨市南岗区复华四道街10号 邮编 150006
传 真 0451－86414749
网 址 http://hitpress.hit.edu.cn
印 刷 哈尔滨市工大节能印刷厂
开 本 787mm×1092mm 1/16 印张 6.5 字数 154 千字
版 次 2018年7月第1版 2018年7月第1次印刷
书 号 ISBN 978-7-5603-6421-6
定 价 22.80元

序

哈尔滨工业大学出版社策划的《应用型本科院校"十三五"规划教材》即将付梓,诚可贺也。

该系列教材卷帙浩繁,凡百余种,涉及众多学科门类,定位准确,内容新颖,体系完整,实用性强,突出实践能力培养。不仅便于教师教学和学生学习,而且满足就业市场对应用型人才的迫切需求。

应用型本科院校的人才培养目标是面对现代社会生产、建设、管理、服务等一线岗位,培养能直接从事实际工作、解决具体问题、维持工作有效运行的高等应用型人才。应用型本科与研究型本科和高职高专院校在人才培养上有着明显的区别,其培养的人才特征是:①就业导向与社会需求高度吻合;②扎实的理论基础和过硬的实践能力紧密结合;③具备良好的人文素质和科学技术素质;④富于面对职业应用的创新精神。因此,应用型本科院校只有着力培养"进入角色快、业务水平高、动手能力强、综合素质好"的人才,才能在激烈的就业市场竞争中站稳脚跟。

目前国内应用型本科院校所采用的教材往往只是对理论性较强的本科院校教材的简单删减,针对性、应用性不够突出,因材施教的目的难以达到。因此亟须既有一定的理论深度又注重实践能力培养的系列教材,以满足应用型本科院校教学目标、培养方向和办学特色的需要。

哈尔滨工业大学出版社出版的《应用型本科院校"十三五"规划教材》,在选题设计思路上认真贯彻教育部关于培养适应地方、区域经济和社会发展需要的"本科应用型高级专门人才"精神,根据前黑龙江省委书记吉炳轩同志提出的关于加强应用型本科院校建设的意见,在应用型本科试点院校成功经验总结的基础上,特邀请黑龙江省9所知名的应用型本科院校的专家、学者联合编写。

本系列教材突出与办学定位、教学目标的一致性和适应性,既严格遵照学科体系的知识构成和教材编写的一般规律,又针对应用型本科人才培养目标及与之相适应的教学特点,精心设计写作体例,科学安排知识内容,围绕应用讲授理论,做到"基础知识够用、实践技能实用、专业理论管用"。同时注意适当融入新理论、新技术、新工艺、新成果,并且制作了与本书配套的PPT多媒体教学课件,形成立体化教材,供教师参考使用。

《应用型本科院校"十三五"规划教材》的编辑出版,是适应"科教兴国"战略对复合型、应用型人才的需求,是推动相对滞后的应用型本科院校教材建设的一种有益尝试,在应用型创新人才培养方面是一件具有开创意义的工作,为应用型人才的培养提供了及时、可靠、坚实的保证。

希望本系列教材在使用过程中,通过编者、作者和读者的共同努力,厚积薄发、推陈出新、细上加细、精益求精,不断丰富、不断完善、不断创新,力争成为同类教材中的精品。

前　言

机械类主要包括机械工程专业、机械设计制造及其自动化专业、材料成型及控制工程专业、机械电子工程专业、过程装备与控制工程专业、车辆工程专业、汽车服务工程专业等。

机械类按类招生，具有以下优点：

1. 实施大类招生后，可以避免专业选择盲目性的弊端。学生在入学后通过一年时间的学习和生活，对学科、专业有了一定的了解，可根据自己的兴趣和特长再选择适合的专业，这将更符合学生的利益，有利于学生的个性发展。

2. 实施大类招生后，选择专业能够更加适应社会需求。学生入学后经过基础课的共同学习，在大学二年级可以根据社会发展和对专业的需求情况选择专业，有利于学生就业和未来的发展，有利于服务经济社会发展及区域产业产业结构调整的需要。

3. 实施大类招生后，有利于学生夯实基础，提升人才培养质量。由于学生在入学后要经过一年的通识教育，使学生的公共基础知识和学科基础知识更加扎实，在此基础上选择专业，更有利于促进学生的专业发展后劲。

4. 原有机械类五个专业培养方案中的基础课和专业基础课基本相近，稍加调整优化即可形成新的机械专业类培养方案，同时也有利于优化师资调配。

5. 实施大类招生后，有利于促进学风建设。学生入学后实行通识教育，一年后将根据本人志愿和在校学习成绩选择不同的专业学习，有利于调动学生学习的积极性，从而促进良好学风的形成。

综上所述，按机械大类招生实际上是进一步推进教育改革的巨大举措，同时为培养基础扎实、知识面宽、能力强、素质高的人才目标奠定坚实的基础。

本书分6章，分别从机械设计制造及其自动化、过程装备与控制工程、机械电子工程、工业设计、材料成型与控制工程五个专业进行阐述，符合应用型本科院校适应学生个性发展的需要，本书在编写中具有以下特点：

1. 案例丰富，入门容易。

本书编写中列举了大量例题，由浅入深，易于模仿，使读者易于参考书中实例理解理论，易于上手。

2. 知识更新，易于教学。

本书将各专业的发展趋势进行描述，不断吸收最新的机械类相关知识，易于教学知识点的更新。

3. 内容精练,突出实践。

本书根据工程实践需要,对于原理本着系统、够用的原则进行了精练,避免了复杂的理论基础知识的推导,有利于学生动手实践。

同时,本书的基础理论部分主次论述清楚,条理清晰,应用部分来自哈尔滨石油学院机械类的教学实践经验。对机械大类下各专业的专业名称、课程设置、发展方向、就业走向等进行阐述,可作为低年级学生专业认知的学习,也可作为机械大类分班学生的重要参考依据,也可作为高考考生及家长选择机械类专业的重要参考。

本书受黑龙江省高等教育学会“十三五”高等教育科研课题“适应学生个性化发展的机械大类人才培养模式研究”(16G444)和2017年度黑龙江省高等教育教学改革研究重点委托项目立项“民办本科高校应用型人才培养模式和机制构建的研究与实践”(SJGZ20170033)资助。

本书的编写人员有哈尔滨石油学院王妍玮、李军(第1章、第4章),于惠力(第3章),高宇博(第2章),李佳阳(第5章),邓佳玉(第6章),此外,哈尔滨石油学院蒋巍巍为本书制作课件,增强本书的实用性。

由于编者水平有限,书中难免出现疏漏和不足的地方,不妥之处恳请广大读者批评指正。

编　者

2018年1月

目　录

第 1 章 绪论

1.1 机械工程学院简介

哈尔滨石油学院(原东北石油大学华瑞学院)创办于 2003 年,是经教育部批准设立的全日制普通本科学校,具有颁发国家统招本科学历资格和学士学位授予权。

我院机械工程学院自 2006 年开始招生,具有一支由教授、副教授、博士、硕士构成的高素质师资队伍,学院现有教职工 42 人(包括外聘教师 6 人),其中教授 5 人、副教授 6 人,一个省重点建设学科、一个省教学团队,曾荣获省首届教学管理质量奖、省师德先进集体、省先进党总支。机械工程学院于 2015 年成功举办第三届全国独立学院机械专业教学研讨会。

机械电子工程专业是黑龙江省“十二五”重点建设学科,机械设计教学团队为黑龙江省级教学团队,教师队伍中留美博士 1 人,黑龙江首届教学名师 1 人,模范教师 1 人;黑龙江省师德先进集体单位,先进个人 1 人。教师撰写国家规划类教材及专著已有 49 部,教师申请承担省、校项目已有共计 51 项,已撰写科研及教学论文 118 篇。教师论文 EI 已检索 42 篇。获得专利 69 项。

机械工程学院注重学生动手实践能力的培养,大一开展工程训练实训(图 1 - 1),大二举办机械工程学院作业作品展(图 1 - 2)、学生现场完成机械结构绘图(图 1 - 3),大三学生被派往齐齐哈尔第二机床厂参加生产实习(图 1 - 4)。学生已参加各类省级、国家级和国际比赛获得奖项 72 项,图 1 - 5 为学生参加黑龙江省电子设计大赛焊接电路板,图 1 - 6 为国际大学生雪雕大赛机械工程学院学生制作作品,图1 - 7 为机械产品创新设计大赛一等奖团队答辩现场。

机械工程学院在校学生 1 600 余人,目前拥有机械设计制造及其自动化(080202)、机械电子工程(080204)、材料成型及控制工程(080203)、过程装备与控制工程(080206)以及工业设计(080205)5 个机械类专业,2016 年开始按机械类(0802)招生。

图 1－1　大学生工程训练实训

图 1－2　机械工程学院作业作品展

图 1－3　机构绘图实验

图1-4　学生在齐齐哈尔第二机床厂参加生产实习

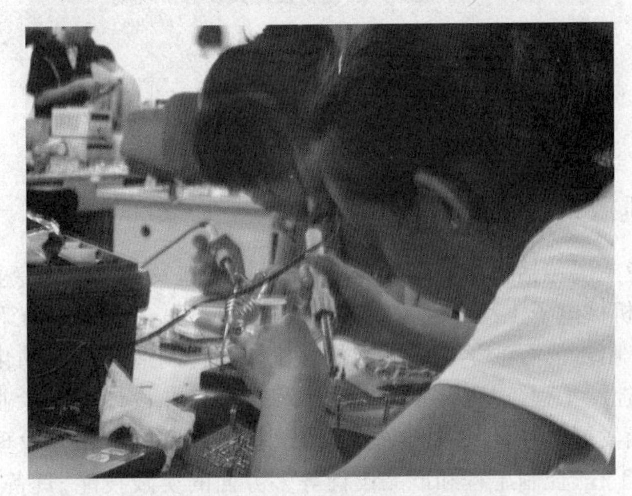

图1-5　学生参加黑龙江省电子设计大赛焊接电路板

图1-6　雪雕大赛现场

图1-7　机械产品创新设计大赛答辩现场

1.2　机械大类简介

1.2.1　机械大类简介

机械类专业主要包括机械工程专业、机械设计制造及其自动化专业、材料成型及控制工程专业、机械电子工程专业、过程装备与控制工程专业、车辆工程专业、汽车服务工程专业等。哈尔滨石油学院机械类包含机械设计制造及其自动化、机械电子工程、材料成型及控制工程、过程装备与控制工程以及工业设计五个专业，其目标是培养德智体美全面发展，适应经济社会发展需要，具备扎实的机械专业理论基础，掌握机械工程、化学工程、控制工程和产品设计等多方面的实践技能，具备从事机械制造领域的设计、制造、生产管理、应用研究等方面工作的基本能力和实践技能，具有社会责任感、创新创业精神和务实作风的高素质应用型工程技术人才。

机械类毕业生能在机械制造行业、石油行业、能源、化工、材料、汽车、轻工业、产品设计、食品行业、电子行业等领域的中、外资企业、公司、研究院所等各部门从事工程设计、技术开发、生产制造、经营管理以及工程科学研究等多方面的工作。

2016年按机械大类招生，实际上是进一步推进教育改革的巨大举措，同时为培养基础扎实、知识面宽、能力强、素质高的人才目标奠定坚实的基础。根据黑教高函[2016]166号文件要求，批准哈尔滨石油学院机械工程学院按机械大类招生，机械大类包括080202机械设计制造及其自动化、080203材料成型及控制工程、080204机械电子工程、080205工业设计、080206过程装备与控制工程五个专业。

1.2.2　大类招生的目的

为了进一步优化机械类的专业结构，加强专业基础条件与内涵建设，制订科学培养方案，探索创新人才培养模式，强化教学管理，规范学籍管理，注重人才培养质量，主动适应黑龙江省高等教育改革，服务黑龙江经济社会发展，实施大类招生，主要目的有以下五个方面。

(1)实施大类招生后，可以避免专业选择盲目性的弊端。学生在入学后通过一年时间的学习和生活，对学科、专业有了一定的了解，可根据自己的兴趣和特长，再选择适合的专业将更符合学生的利益，有利于学生的个性发展。

(2)实施大类招生后，选择专业能够更加适应社会需求。学生入学后经过基础课的共同学习，在大二可以根据社会发展和对专业的需求情况选择专业，有利于学生就业和未来的发展，有利于服务龙江经济社会发展及区域产业结构调整的需要。

(3)实施大类招生后，有利于学生夯实基础，提升人才培养质量。由于学生在入学后要经过一年的通识教育，使学生的公共基础知识和学科基础知识更加扎实，在此基础上选择专业，更有利于促进学生的专业发展后劲。

(4)我校原有机械类五个专业培养方案中的基础课和专业基础课基本相近，稍加调整优化即可形成新的机械专业类培养方案，同时也有利于优化师资调配。

(5)实施大类招生后，有利于促进学风建设。学生入学后实行通识教育，一年后将根据本人志愿和在校学习成绩选择不同的专业学习，有利于调动学生的学习积极性，从而促进良好学风的形成。

综上所述，按机械大类招生实际上是进一步推进教育改革的巨大举措，同时为培养基础扎实、知识面宽、能力强、素质高的人才目标奠定坚实的基础。

1.3　分流政策

为落实学校大类招生培养目标，学生大一完成通识课程学习后，将根据对专业的了解、兴趣爱好与特长、职业发展规划、学业成绩、社会需求等进行分流。为有序地开展专业分流工作，结合办学实际，特制订本分流方案。

1.3.1　分流基本原则

1. 符合专业发展需要原则

合理调控专业容量，充分考虑专业布局，在办学条件、社会经济发展的人才需求上合理调配教学资源，对专业分流实行总量控制，预设专业容量以 30 人为基本单位，预设专业容量参考上一年专业招生人数设置，并参考报到人数或就业情况，适当增减专业容量，专业增加人数原则上不超过上一年度实际招生人数的 10%。

2. 学生自主选择原则

在保障人才质量和教学资源充足的前提下，结合学生学业成绩及自身的兴趣、爱好、特长、自身职业发展规划，填报专业志愿，学生可以填报 3 个志愿，分流时顺次进行分流；专业分流时尽可能尊重学生的专业选择。

3. 择优合理安排原则

学生分流应有利于教学的组织与实施，尊重学科专业的发展，当专业规模、教学资源不能满足学生需求时，根据学生的综合学业成绩择优分流，如申报学生人数超出

预设专业容量，则学生学业成绩，特别是学科基础课成绩将是专业分流的重要参考条件。

4. **公平公开公正原则**

专业分流坚持公平、公开、公正原则，增强专业分流工作的透明度，实行阳光工程。

1.3.2 分流程序

(1)各相关学院、专业要在学生中进行专业宣传，建议第一学期末和第二学期分流前各进行一次，宣传方式可灵活多样；

(2)专业分流预测工作在第一学期末第一次专业宣传之后完成；

(3)第二学期初公布分流专业容量及最大容量；

(4)第一学期、第二学期期末公布本学期考试成绩(按补考前实际成绩计，缓考生按本班最低成绩计)，第二学期第10周公布预分班成绩，第三学期第一周公布总成绩；

(5)第二学期第10周，预征集学生志愿，进行专业预分流，第三学期第11周正式公布最后志愿；

(6)第三学期第一周，专业分流结果公示(公示期为三个工作日)；各大类专业分流领导小组将公示后无异议的分流结果上报教务处备案，根据备案结果进行分班和学籍注册，2016级机械类学生2017年专业预分流示意图如图1－8所示，参照分流基本依据，最终2016级机械类379名学生中(含三名专业调整、当兵复员及留降级学生)，机械设计制造及其自动化161人、机械电子工程83人、工业设计75人、过程装备与控制工程28人，材料成型与控制工程32人。

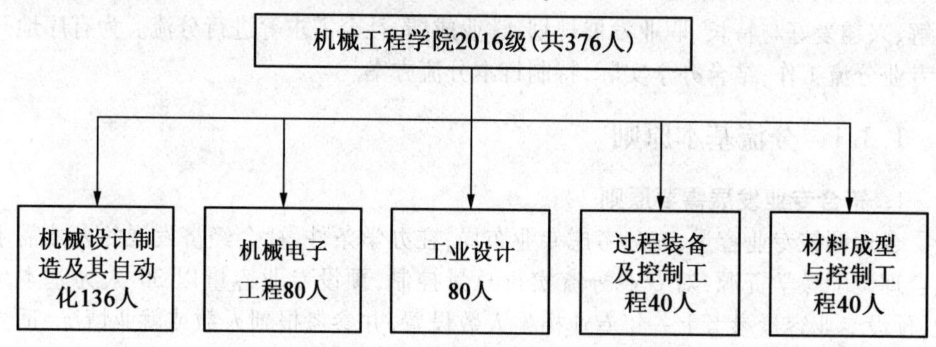

图1－8　2016级机械类学生2017年专业预分流示意图

1.3.3 分流基本依据

分流依据学生综合考核分数，由必修课程的考试成绩和奖励加分、违纪扣分等两部分组成(考试成绩按平均成绩的95%计入总分，奖励加分、违纪扣分按实际得分计入总分)。总分 ＝ 平均成绩 ×95% ＋ 奖励分数 － 处罚分数。

1. 考试成绩

(1)所有课程成绩(包括不及格科目)均按补考前实际得分计入总分,考查课五级制成绩由低到高,分别按55、65、75、85、95计入总分;

(2)缓考的课程成绩按班级最低成绩计;

(3)因学籍异动不能参加本年级专业分流的,随复学后班级进行分流。

2. 加分及减分项目

符合下列条件的,由各专业分流工作领导小组予以加分,最高不超过5分(要严格认真审核程序,所有项目均由学校统一认定并公示):

(1)获国家或省级以上(含)行政主管部门组织的各类学科专业竞赛三等奖及以上的奖励的(团体前三名);

(2)获批实用型专利(第一作者),或获批发明型专利(前三名)的;

(3)在正式的学术期刊上发表与申报专业相关的学术论文的(独立作者);

(4)获省级及以上政府科技成果奖励(团体前三名)的;

(5)获省级及以上创新创业训练项目(前三名)的;

(6)参加学科竞赛,获国家级二等奖以上或省级一等奖的。

各大类可依据学科专业特点在综合测评、省级以上奖励(含)等方面制订加分细则。

符合下列条件的,由各专业分流工作领导小组予以减分,最高不超过5分:

(1)在校内考试及省、国家考试中被认定为作弊者扣5分;

(2)违反学校纪律受到学校处分者:留校察看扣5分,记过扣4分,严重警告扣3分、警告扣2分;

(3)违反学校、学院有关规章制度受到通报批评者扣1分。

习 题

1. 简要介绍哈尔滨石油学院机械工程学院机械大类所包含的专业名称。
2. 简述按专业招生与按类招生的区别。
3. 简述机械大类按专业类招生的目的。
4. 专业分流遵循哪些基本原则?
5. 专业分流的基本依据是什么?
6. 专业分流的基本程序是什么?

第 2 章 机械设计制造及其自动化

2.1 机械设计制造及其自动化专业产生背景

工业革命一次次改变了人类的历史进程，那么制造业则是改变历史创造财富的奠基石。进入21世纪后，制造业在人类的生活中依然占据着举足轻重的地位，大到航空航天设备，小到电子芯片都在其领域中，可以说人类的生产生活离不开制造业。而机械设计制造及其自动化专业正是在这个大环境中孕育而生的。

2.2 机械设计制造及其自动化专业介绍

机械设计制造及其自动化专业是以现代机械设计、制造技术为主，并兼顾微电子技术在机械行业应用的工科专业。该专业培养基础扎实，知识面宽，综合素质高，具备机电系统设计制造的基本知识与应用能力，能在工业生产第一线从事机电系统的设计制造、科技开发、应用研究，运行管理和经营销售等方面工作的复合型高级工程技术人才。

本专业学生主要学习机械设计与制造的基本理论，微电子技术、计算机技术、信息处理技术、控制理论及方法的基本知识，受到现代机械工程师的基本训练，具有进行机电产品设计制造、设备控制及生产组织管理的基本能力。毕业生应具有较扎实的自然科学基础、较好的人文、艺术和社会科学基础及正确运用本国语言、文字的表达能力；较系统地掌握本专业领域宽广的技术理论基础知识，掌握机、电、计算机结合的机电系统设计制造、科技开发、应用研究的能力；具有从事现代柔性加工系统的应用、运行管理和维护的能力；了解其科学前沿及发展趋势，具有较强的自学能力和创新意识。

2.3 机械设计制造及其自动化优势

相比传统的机械技术，机械设计制造及其自动化技术具有智能化、自动化等特点，其在一定程度上可以减轻机械操作人员的工作负担，也可以提高操作机械的安全性和产品的精确性。机械设计制造及其自动化在提升工业效率等方面有着重要的作用。机械设计制造及其自动化通过将机械设计与电子技术和网络技术等相结合,利用多种技术的结合自动化控制机械生产的各个环节。在科学技术的不断发展下,通过应用机械设计制造及其自动化技术可以提高机械生产质量,也可以促进工业发展。机械设计制造及其自动化技术的设计特点是以产品生产要求为基础。在传统的机械设计制造中,生产产品的各个环节都需要人员参与,所以在有限的人力下,产品的生产效率和生产能力都较低,并且还存在大量的次品。现如今通过机械设计制造及其自动化技术可以有效地避免以上的诸多问题,在生产过程中,只需要操作者利用控制系统对机械进行操作,就能实现自动化生产和控制。这样不仅提高了生产效率和质量,也节省了大量的人力物力。机械设计制造及其自动化技术具有安全性高的优势。在机械设备使用生产过程中,最重要的问题就是机械操作安全问题。在传统的机械设计中,在机械设备使用过程中会存在很多安全隐患,这些安全隐患不仅降低了产品生产的经济利益,也使得机械操作人员在实际操作过程中存在一定的危险性。而机械设计制造及其自动化技术则具有较高的安全性,其在无人操作的情况下,不仅避免了操作人员的安全隐患,也能保证产品的生产效率和质量。

2.4　机械设计制造及其自动化专业毕业生就业情况

从该专业毕业生未来的就业发展方向来看,其可以从事同机械制造相关领域的大多数工作,如,从事机械、电气、液压、气压等控制设备的维护维修工作;从事工艺工装的设计、制造工作;从事技术管理工作;从事相关机械产品与设备的销售工作等。除前述工作之外,一些高级技术人才亦可以投身于本领域的教学、科研工作之中。由此可见,社会可以提供该专业的毕业生选择的岗位数量与岗位类别较多。

从该专业人才就业的整体情况来看,随着供给改革战略的提出,以及制造业发展重新得到全社会的重视,该专业所培养的人才具备较为广阔的就业前景,同时该专业亦是社会需求很大的一个行业。从现阶段国民经济发展与建设的角度来看,该专业所培养的人才能够为我国的航天事业、造船事业等多个领域提供必备的技术人才,从而确保这些行业在得到充分的人力资源供给的情况下实现高速发展。

从该专业的学科性质以及学科定位情况来看,其乃是典型的工科专业之一,是工科专业的材料子专业,现今国内诸多工科大学以及综合性大学均已开设了这一专业,从历年来人才市场对于该专业人力资源的实际需求状况来看,沪、深、渝等城市对该专业毕业生数量有着较大的需求缺口。

该专业毕业生主要的知识储备和就业方向介绍如下。

1. 机械制造工程师

想要成为高素质的机械制造工程师,就必须有电子学、机械工程学、计算机技术以及控制工程学的基本理论知识和能力,并对机电一体化有着充分的认知,应该通过平时的教学让学生们对机电一体化进行基础训练,进而使学生们成为高素质、高技术人才。因此,机械制造工程师必须要对机械设施设备的制造原理、基础、微机原理应用和设计等课程进行深入的学习。除此之外,机械制造工程师能够在国家的国防部门、机械研发部门以及各种企业之中进行机械的设计、制造、运行、控制、管理等工作。

2. 设计与制造模具

该专业的高技术人才还能够在型腔模、冷冲模、工装设计和制造方面进行工作,比如说机械模具的制造、钳工操作、机械维修等,另外,从事机械制造及其自动化工作的人还应该具有工程力学、电工技术、模具设计和制造工艺、机械制图以及塑料成型工艺与模具设计等方面的知识和技能,这样才能够满足当代社会对机械制造以及自动化就业的需求。

3. 自动化技术

自动化技术主要包括自动控制原理和应用方法、自动化单元技术和集成技术等。自动化技术在当代社会中是非常重要的一门应用技术,从事自动化专业工作的人员必须对运筹学、自动控制原理、计算机科学、信号与系统、电路原理等知识进行良好的学习和掌握,并能够将其运用在实际的工作之中。另外,自动化技术与计算机科学、化学工程以及电子工程都有着非常紧密的关系,所以,从事自动化工作的人员一定要具备扎实的理科知识和技能基础,一定不要在学习的过程中出现偏科现象。自动化技术专业的就业前景非常广阔,这是自动化技术与其他学科的关联性造成的,并且自动化技术工作想要转型的话也非常容易。

2.5 机械设计制造及其自动化的实际应用

1. 在农业领域的应用

在我国农业机械设计制造及其自动化设备方面,推进其精准度发展进程,不仅有利于我国农业生产,还会对我国经济建设带来帮助。与发达国家相比,我国农业机械设计制造及其自动化技术起步比较晚,在技术水平以及设备精准度上存在一定的差异。目前,我国农业精准度建设主要集中在农业节水、节肥等方面,例如在农业节水方面,通过精准的技术,实现农业灌溉上的节水,以达到节约水资源的目的。我国农业不仅在该方面实施精准化,还需要在农业机械设计制造及其自动化建设方面实现精准化。

首先,在学习国外先进技术基础上,集中农业发展科研力量,对我国农业设备现状进行充分了解,以科技为依托,在技术上将农业机械自动化设备进行完善,并推进农业机械设备精准化进程;其次,发展农业机械设备需要以科技为依托,优化农业机械自动化建设,例如农业机器人的研发,有效降低了农耕劳动力,进而实现农业生产科技化。

2. 工业领域的应用

机械设计制造及其自动化在工业领域中的应用与农业领域的应用相比更加的广泛。以 Pro/E 数控加工的过程为例进行分析,Pro/NC 数控加工中数控编程是核心技术,主要以操作员、机器和图形互相融合的方式,完成几何图形数字化、形成器件加工轨迹与操作仿真到数控程序的整体过程。为了确定数控加工中方法、加工路线和工艺参数的设置，需要对具体数据进行计算获得零件轨迹，按照数控机床采用的代码和程序格式，显示出零件的数控加工过程。

第一，在 Pro/NC 数据库中存放各项环境参数，这些参数分别为数控零件技术要求、几何图形、尺寸和零件在工艺上的要求等。最后确定在数控加工中的零件加工路线和零件加工工艺参数，并且确定辅助功能参数。按照数控机床原始的加工代码来驱动数控机床进行器件加工。

第二，在 Pro/E 的数控加工中，过程必须遵循规定的加工工艺步骤来设计加工轨迹。在实际的加工逻辑中，数控程序流程与加工思路是一致的。在这一过程中，可以设计数控切割中刀具的具体参数，可以依照需要设计适合的刀具进行数控加工，加工系统通过对工艺数据计算出刀具的切割轨迹，并且最后生成 CL 文件。

3. 在集成虚拟化技术领域的应用

机械设计制造及其自动化技术在机械电子集成电路中的应用，促进了电子设备有效控制。基于机械设计制造及其自动化技术的电子集成技术，其最大的特点，就是能够通过机械设备，将电力系统中的控制电路、驱动电路以及功率电路集成在一起，但是在一个系统中将这些不同的线路集成在一起，并非能够提升电力系统的功能，严重的情况有可能为电力线路管理与维护带来困扰。近年来，在机械设计制造及其自动化技术下，研发出一种插卡式的集成技术，该种集成技术将控制电路放置在系统的外部，通过插卡的方式与集成电路进行连接。该种技术应用比较广泛，例如插卡开关的使用。插卡式的结构，存在很多优势，能够有效避免封装元件数量大等问题，又有效地避免了控制电路与模块一体化的问题。

4. 虚拟化应用

在科技不断发展中，基于现代化的机械设计制造及其自动化技术，能够实现不同技术之间的相互融合，如将 CAD 技术与 CAPP 等计算机技术相互结合，实现计算机操作系统的智能化与虚拟化。以上两个自动化生成软件，在建筑等领域应用广泛，能够将传统的手工绘图的弊端弥补，同时能够通过高速的自动化绘图模式，将工作效率提升。以 CAD 技术为例，该技术能够在制图出现错误时进行修改，在计算机技术的仿真下，减少机械设备实际操作，将生产工期缩短。

2.6　机械设计制造及其自动化的创新发展

1. 与大数据产业相互结合

在大数据背景下的机械设计制造及其自动化产业，在数据收集、数据分析以及数据处理中发挥着重要的作用，能够有效推动自动化产业的发展。由于自动化产业中所涉及的内容比较多，其中比较典型的是智能传感器、智能仪表、工业网络技术等。融入了大数据分析的现代机械设计制造及其自动化产业，在数据分析以及数据处理环节中，省去了多余的计算过程，并且效率比较高。

大数据在其他机械设计制造及其自动化领域中的应用同样广泛，如交通产业中的设备自动化。在大数据下，发展智慧交通，在传统的交通系统基础上，应用自动化技术。该项技术中同时融合了传感器、监控视频以及 GPS 定位系统,对交通中的大量数据信息进行分析。与气象监测部门相连接,对数据信息进行收集与处理,加工出用户所需要的信息,并在智能自动化终端设备下,接收被处理的信息。这些技术在人们生活中的应用能够带来诸多便利,从更为深远的意义上分析, 大数据产业推动自动化发展进程。

2. 基于"互联网 +"的机械设计制造及其自动化

随着互联网技术逐步发展,"互联网 +"模式的影响范围逐渐扩大,机械设计制造及其自动化在数据信息安全方面的管理备受关注。为了提升设备数据信息安全,大数据不断地研发机械设计制造及其自动化与数据信息的深度挖掘相互结合。在这样的技术结合模式下,能够改善传统数据信息保护中存在的问题。在传统的信息模式下,当信息安全出现危机时,系统需要对信息进行事后修补,在信息管理中处于被动地位。而引入了大数据技术,能够对数据信息的安全进行事前预测。并且,在自动化技术下,基于"互联网 +"的机械设计制造及其自动化能够实现对数据信息的安全测评,并自动制订应急处理方案。换言之,机械设计制造及其自动化数据信息能够进行自动防护。

习　题

1. 简要介绍什么是机械设计制造及其自动化?
2. 简述机械设计制造及其自动化涵盖哪些内容?
3. 学习机械设计制造及其自动化的目的是什么?
4. 机械设计制造及其自动化未来的发展趋势是什么?

第3章 过程装备与控制工程

3.1 专业简介

过程装备与控制工程专业是以过程装备设计基础为主体,过程原理与装备控制技术应用为两翼的学科交叉型专业。所培养的学生能够具有较强的过程装备、机械基础、控制工程、计算机及其他基础理论知识,具有较好的工程技术基本素质和综合能力。培养目标是:培养具备过程机械与设备设计及其控制理论,并具备研究开发、设计制造、运行控制等综合能力的高级技术人才。

我们的前辈呕心沥血,已把中国的过程装备与控制工程专业办成一定的规模,培养了大批专业人才,成为教学、科研、设计、制造与使用各岗位的中坚力量。

3.1.1 专业发展历史

20 世纪 50 年代初期正是中华人民共和国建立的初期,当时我国工业经济体系亟待建立,急需掌握化工过程和机械方面的复合型工程师,遂在高等院校设立了当时名为“化学工业生产机器与设备”专业。

3.1.1.1 专业始发地

1951 年大连工学院(大连理工大学前身)首先成立化学工业生产机器与设备专业,专业初创时期以苏联过程装备模式为蓝本。

当时大连工学院化学生产机器与设备专业设在化学工程系,20 世纪五六十年代时大连工学院化工系就设有无机物工学专业、有机工学专业、染料工学专业和化工机械专业,后又增设化工自动控制专业和化工仪表专业。早期的化工机械专业基本是化工为基础再加上机械。

20 世纪 60 年代以后化学工程专业兴起,促使不少资深学校对化工机械专业淡化了化工基础。与此同时,西方压力容器技术的空前发展又为化工机械展现了一个崭新的广阔空间。各校根据各自的条件形成各自的特点,有些学校以研究压力容器为主,有些学校继续拓展过程装备的研究或化工机械的研究。

英美国家的化工系一般分为两个方向:一部分搞工艺,一部分搞设备。我国化学生产机器与设备专业按苏联模式组建,即化工与机械并重,既要学习机械系课程,又要学习化工系课程,因此成为课程最多的专业之一。

3.1.1.2 首批成立该专业的学校

1951 年大连工学院首先成立化学工业生产机器与设备专业,成为该专业的始发地。

为了适应经济发展的需要,我国于 1952 年进行了全国范围的高等学校专业大调整,增设了化学工业生产机器与设备专业的学校:天津大学、浙江大学、华东化工学院、华南工学院、成都工学院、杭州化工学校(中专班)等,成立化学工业生产机器与设备专业,简称为化工机械专业。

3.1.1.3 专业第一份教学计划

为了提高化学工业生产机器与设备专业(简称化工机械)的教学质量,我国于 1954 年请来了苏联莫斯科化工机械学院著名的化学工业生产机器与设备专业的专家杜马什涅夫,在大连工学院进行讲学。全国各校选派教师和研究生来大连工学院进修,并重新修订了该专业的教学计划。进修班人员认为不能盲目照抄苏联课程,他们考察了大连、吉林等地的苏联援建的大型化工企业项目,由大连工学院牵头,天津大学、浙江大学、华东化工学院等校教师与杜马教授一起制订了中国第一份化工机械专业的教学计划,为该专业的发展奠定了基础。

3.1.1.4 专业更名

自 20 世纪 50 年代至 90 年代,化工机械专业的人才对我国化工、石油化工、制药等行业的发展起到了不可替代的作用。

20 世纪 90 年代,社会对化工机械专业人才的要求发生了改变。随着现代科学技术的进步和工业的发展,过程装备越来越趋向大型化、精细化和自动化,流程参数(如压力、温度、流量等)与过程进行要求必须实施精确的自动控制,这是过程装备高效、安全、可靠运行的根本保证。将“过程”“装备”与“控制”三个相关学科紧密有机地结合在一起,实现“过—装—控”一体化,已经是化工机械专业改革的必然。

当时中国经历了新中国成立以来最大规模的专业调整,从 1 000 多个专业,合并成 500 多个专业。又从 500 多个专业减少到 249 个专业。在这次大规模的专业调整中,化学工业部化工机械教学指导委员会做了大量的工作,在广阔调研的基础上,分析了国内外化工类和机械类高等教育的现状、存在的问题和未来的发展,向教育部提出了把原“化学生产机器及设备(简称化工机械)”本科专业改造建设为过程装备与控制工程专业。随着全球现代化的需要和发展,在化工机械里面逐渐应用到了越来越多的自动控制。因此,为了符合我国现代化发展需要,顺应科技时代的潮流,1998 年教育部同意化学工业部化工机械教学指导委员会意见,决定将“化学生产机器及设备”(本科)专业更名为过程装备与控制工程专业,归入机械学科教学指导委员会,即归口机械。从此,一个更加具有发展潜力的新专业诞生了。20 年来,我国先后在 60 多个高校开设了这一专业,使得该专业得到了很大的发展。

教育部在 2001 年第八号文件“关于成立 2001 ~2005 年教育部高等学校有关学科类教学指导委员会”的通知中,机械学科教学指导委员会下设五个教学指导委员会:

(1)机械设计制造及其自动化专业教学指导委员会;

(2)材料成型及控制工程专业教学指导委员会;

(3)工业设计专业教学指导委员会;

(4)过程装备与控制工程专业教学指导委员会;

(5)机械基础课程教学指导委员会。

这样,化学工业生产机器及设备专业得到保留,拓宽了原专业领域范围和扩展专业内容演化发展为过程装备与控制工程专业,为化工机械专业开辟了更加美好的前程。此后,一批院校利用原有相近专业(如真空技术与设备、粮食机械、轻工机械、食品机械、造纸机械、制药机械)的办学条件也纷纷成立了过程装备与控制工程专业,大大加快了该专业培养规模,扩大了该专业内涵、覆盖领域和影响力,由原来的“化学工业生产机器及设备专业”变为更加广阔的过程装备与控制工程专业。

具有过程装备与控制工程专业的院校由1998年的43所发展到2003年的72所;到2004年为止,全国设置有过程装备与控制工程专业的普通本科高校有76所,到2017年,据不完全统计,我国至少有126所院校开设了过程装备与控制工程专业。

3.1.1.5　研究生设置

过程装备与控制工程专业的研究生培养最早的是“化工过程机械”方向,属于二级学科,它隶属于“动力工程及工程热物理”一级学科。“化工过程机械”学科是国务院学位委员会1981年批准的首批具有硕士学位和博士学位授予权的学科之一。

在恢复研究生招生后,华东化工学院和浙江大学的化工机械专业成为全国首批硕士点和博士点,定名为“化工过程机械”专业。

3.1.2　专业内涵

“过程装备与控制工程”学科是机械大学科的一个分支,它既属于机械领域,同时又服务于过程工业,自身的发展又需要机电控制。

3.1.2.1　“过程”及“过程技术”定义及内涵

在给出“过程装备”的定义及范畴之前,必须首先理解“过程”的内涵。为便于理解,这里首先从“过程技术”的定义开始讨论。

1. 过程技术

过程技术是研究物料转换规律及方法的一门工程科学,这里“转换”是一个关键词。绝大部分的生产过程都可以概括为“转换过程”,如图3-1所示。

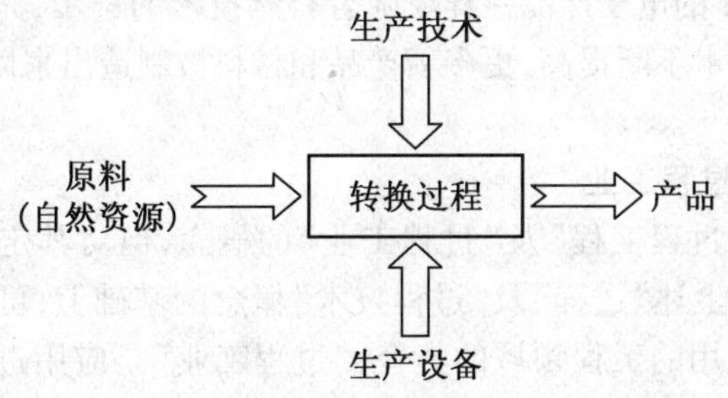

图3-1　生产过程示意图

从这个意义上讲,机械制造技术的核心是物体尺寸、形状及相互关系的转换;热力学及能源技术的核心是能量形式的转换规律及方法。

(1)过程的定义。

如上所述,过程技术的研究对象是物料转换规律及方法,这样,过程技术及过程装备中"过程"的概念就可理解为:"过程"是指物料"转换过程"。

按照其商业用途,物料在被转换前称之为原料,在被转换后称之为产品或中间体。因此,"过程"也可表述为:是指一种或多种原料经过一系列加工、转换和处理而生产出最终产品或中间体的全过程。

在过程技术中,工程上有意义的物料转换是指物料最终至少发生下列变化之一:

①物料组分的改变。例如通过富集提炼矿物、酒精等,通过分离技术净化水、空气等,通过分散技术生产染料、乳剂等。

②物料性能的改变。例如通过加热使物料熔化、蒸发等,通过粉碎生产面粉等。

③物料种类的改变。例如利用化学反应得到新的有机或无机化合物,利用物理方法实现核变化等。

(2)过程的分类。

很显然,从原料到产品的生产过程是由各个"单位过程"组成的。按照单元过程的本质及自然属性可将其分为三大类:物理过程、化学过程、生物过程。

①物理过程。在这类过程中,物料只发生物理变化(可以改变组分及性质)。按照工作原理不同,又可将常用的物理过程技术细分为两类。

a. 机械过程技术。在此类过程中,通过机械作用(力学作用)来改变物料的组分及性质。机械过程技术在工程上俗称为冷过程技术。例如粉碎、重力及离心过滤等。

b. 热力过程技术。在这类过程中,通过改变热力学参数(温度、压力等)来改变物料的组成或性质。例如干燥、蒸发、吸收等。

②化学过程。在此类过程中,通过化学反应来改变物料的性质及种类。例如合成、裂解、聚合等。

③生物过程。在此类过程中,通过生物作用(生物反应)来改变物料的性质及种类。例如发酵、生物净化等。

目前已知的三类单元过程约60余种(单元操作),这60余种的单元过程通过不同的组合可以演变出成千上万种产品的生产工艺过程。这正像种类有限的电子元件可以组合生产出繁多的电子产品一样。随着科学技术的进步,先进的工艺过程不断出现,新兴的过程技术不断提高,更多新产品和材料被制造出来以满足现代生活的需求。

2. 过程工程及过程工业

我们经常使用"过程工程"及"过程工业"的概念,但对其定义及内涵仍缺乏严格、准确的描述。在上述"过程"及"过程技术"概念的基础上,可将其理解为:"过程工程"是过程技术应用的工程领域的集合;"过程工业"是应用过程技术的工业分支的总和。

3.1.2.2 "过程装备"的定义及分类

1. 过程装备的定义

"单元过程设备"与"单元过程机器"二者统称为过程装备。

(1)单元过程设备。

由原料转化为产品的总过程称为生产过程,生产过程是由若干单元过程组成的。生产过程所对应的设施称为(生产)装备,对应各单元过程的设施称为单元过程装备,如换热器、反应器、塔、储罐等。

(2)单元过程机器。

如上述,生产中对应各单元过程所用的机器称为单元过程机器,如压缩机、泵、离心机、过滤机、破碎机、离心分离机、旋转窑、搅拌机、旋转干燥机以及流体输送机械等。

(3)过程装备。

成套过程装置是流程性材料产品的工作母机,它通常由一系列的过程机器和过程设备,按一定的流程方式用管道、阀门等连接起来的连续系统,再配以控制仪表和电子电气设备,即能平稳连续地把以流体为主的各种材料,让其在装置中历经必要的物理化学过程,制造出人们需要的新的流程性产品。

通俗地说,过程装备就是完成物料转换所必需的成套装置。也可以表述为:过程装备就是过程工业中所应用的联合装置。因此可将过程装备定义为:过程装备是指物料技术转换过程中所应用的设施的总和,即

装备 = 设备 + 机器 + 辅助设施(管道、阀门、测控仪表等)

2. 过程装备的分类

(1)按照工作原理分类。

①机械过程装备,例如粉碎机、搅拌器、离心机等。

②热力过程装备,例如精馏塔、干燥器、加热炉等。

③化学过程装备,例如合成塔、聚合釜、裂解炉等。

④生物过程装备,例如发酵罐、生物降解池等。

(2)按照是否运动分类。

①过程设备。是指主要作用部件是静止的或者只有很少运动的机械,如各种容器(槽、罐、釜等)、塔器、反应器、换热器、普通干燥器、蒸发器、反应炉、电解槽、结晶设备、传质设备、吸附设备、流态化设备、普通分离设备以及离子交换设备等。

②过程机器。是指主要作用部件为运动的机械,例如泵、压缩机、离心机、过滤机、破碎机、搅拌机、旋转干燥机以及流体输送机械等。

(3)按照在生产过程中的次序分类。

①预处理设备。指用于将原料加工处理成适于"主转换"要求形式的设施。

②"主转换"设备。指用于完成关键物料转化过程并生产出初始形态产品的设施。

③后处理设备。指用于将初始形态的产品处理成消费者所要求的商品的设施。

还有很多种分类方式,在此不再一一列举。

3.1.2.3 过程装备与控制工程专业的内涵

1. 研究对象及内容

“过程装备与控制过程”是一个涉及多学科的跨学科专业，是一门综合性的应用工程科学。

其研究对象主要包括物料转换规律、物料转换装备的工作原理、设计方法、制造工艺、集成控制及运行管理等。

专业特色是机、电、仪、工艺一体化，系统各组成部分均相互关联、相互作用和相互制约，任何一点发生故障都会影响整个系统。基本为长周期稳定运行，加工的流体性物料有些是易燃易爆、有毒或工艺要求在高温、高压下进行，系统的安全可靠性要求高。装备的大型化、集成化、智能化、自动化，连续长周期运转带来高效率、高产值和高新技术的全面应用。

2. 涉及的知识领域

过程装备与控制工程专业所涉及的主要知识领域为：机械工程、化学工程、控制工程三个学科，还涉及生物工程、能源与动力工程等。该专业的学生比学化工的多懂些机械，比学机械的多懂些控制，比学控制的多懂些工艺，可以在多个工程领域从事相关工作。

大部分高等学校过程装备与控制工程专业本科生的培养方案中，专业基础课的组成应大致如图 3－2 所示。

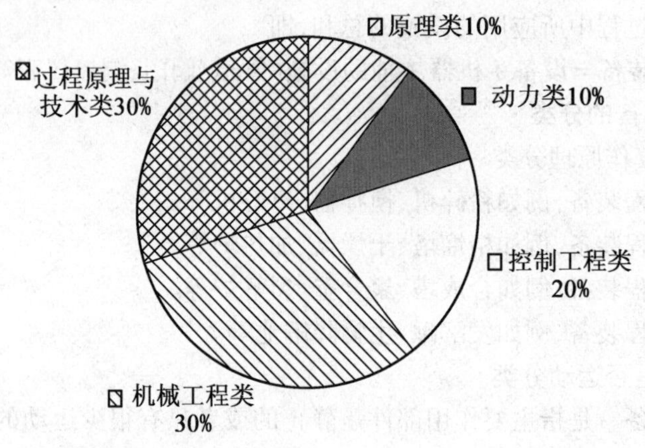

图 3－2　专业基础课的组成示意图

很多学校在本科生专业课阶段设置了如下专业方向：

①机械过程装备；

②热力过程装备；

③化学过程装备；

④生物过程装备。

专业必修课通常包括：过程装备设计、过程流体机械、过程装备控制技术和过程装备制造等。

3. **过程装备应用领域**

在工业生产中，过程装备被广泛应用。据统计，在德国大约50%的工业产品是由过程装备生产的。所涉及的主要工业分支大致如图3-3所示。

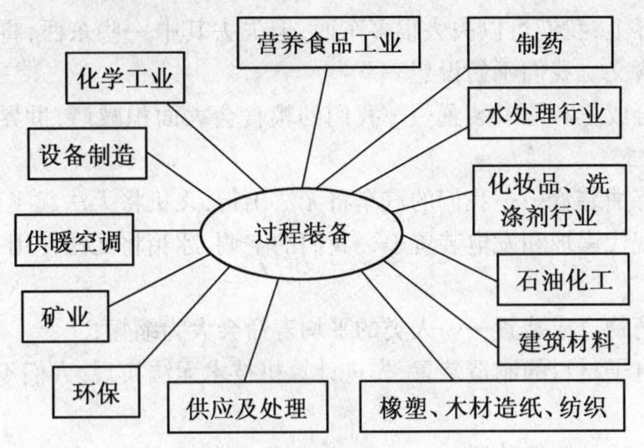

图3-3　过程工业分支

3.1.2.4　过程装备与控制工程专业的工业背景

过程装备与控制工程专业主要以过程工业为专业背景，过程工业是加工制造流程性材料产品的现代制造业。

按照“技术特征”可将制造业分为两类：

1. **过程工业**

过程工业也称过程制造业，是指以物质的化学、物理和生物转化、生成新的物质产品或转化物质的结构形态的制造业，也就是说过程工业是指以流程性物料（如气体、液体、粉体等）为主要对象，以改变物料的状态和性质为主要目的的工业。多为流程性材料产品，产品计量不计件，连续操作，生产环节具有一定的不可分性，可统称为过程工业（过程制造业）。

过程工业所涉及的一些物理、化学过程，主要有传质过程、传热过程、流动过程、反应过程、机械过程、热力学过程等。正是这些物理、化学过程，构成了过程工业的生产过程。然而，要使这些过程得到实现，达到工业生产的目的，必须要有相应的过程设备。

过程工业包括化工、石油化工、生物化工、化学、炼油、制药、食品、冶金、环保、能源、动力等诸多行业与部门。

2. **装备制造业**

装备制造业是以物件的加工和组装为核心的产业，根据机械电子原理加工零件并装配成产品，但不改变物质的内在结构，仅改变大小和形状，产品计件不计量，多为非连续操作，这类工业可统称为装备制造业。

过程装备与控制工程专业主要是以过程工业为专业背景的，也就是说过程工业是加工制造流程性材料产品的现代制造业。

过程制造业为装备制造业提供原材料，同时装备制造业为过程制造业提供制造装备。

3.1.2.5 过程装备技术的应用领域

1. 过程装备技术是人类不可缺失的技术

在这个世界上,我们可以失去很多东西,但失去其中一些东西,将大大改变我们生存的方式和含义。我们不妨设想一下:

如果没有合成氨和尿素装置……我们的粮食会大面积减产,世界上有大量的人将因饥饿而死亡;

如果没有炼油装置……我们的汽车将无法出行,飞机将无法起飞;

如果没有现代锅炉和发电装置……我们的空调、冰箱将无法使用,城市将处于昏暗之中;

如果没有药物合成装置……人类的平均寿命会大为缩短;

如果没有电子材料的制造装置,先进计算机技术无法实现,人们不得不靠传话通信;

如果没有先进的制氢装置……

成套过程装置是流程性材料产品的工作母机,它通常是由一系列的过程机器和过程设备,按一定的流程方式用管道、阀门等连接起来的连续系统,再配以控制仪表和电子电气设备,即能平稳连续地把以流体为主的各种材料,让其在装置中历经必要的物理化学过程,制造出人们需要的新的流程性产品。

"过程装备与控制工程"技术支撑现在和未来社会的发展,是人类不可缺失的技术。

2. 过程装备技术的应用领域

我国装备技术应用到国民经济的各个领域,表3-1给出了我国过程装备在工业中的应用领域。过程工业是国家的重要支柱产业,国家财税收入的主要来源,其发展状况直接影响国家的经济基础。在整个制造业中,过程工业的产值比重接近50%,利税贡献更为显著,增值税达50%左右。

表3-1 我国过程装备在工业中的应用领域

按大行业分	包含在其他大行业中
石油加工及炼焦业	火力/核发电业
化学原料及化学制品业	煤气生产业
医药制造业	水的生产和供应业
化学纤维制造业	金属表面处理及热处理业
橡胶制品业	铸件制造业
塑料制品业	粉末冶金制品业
食品加工业	绝缘制品业

续表 3－1

按大行业分	包含在其他大行业中
食品制造业	集成电路制造业（部分生产环节）
造纸及纸制品业	电子元件制造业（部分生产环节）
核燃料加工业	烟叶复烤业
饮料制造业	纤维原料初步加工业
非金属矿物制造业	棉纺印染业
黑色金属冶炼及压延加工业	毛染业
有色金属冶金及压延加工业	丝印染业
农副食品加工业	管道运输业

3.1.2.6　过程装备技术的发展及应用实例

1. 最早的过程装备——炼丹术

在我国历史上，不少科学技术的发展可在道家的炼丹术中找到渊源，如化学、火药及相关设备的进步与发展。据《史记》记载，战国时就有了方士炼丹，古代记载的《丹房须知》描写了炼丹的场所——龙虎丹台，它既不同于现在的厂矿，也不是化学实验室，而是把炼丹的器具放在小土台上，再在上面放置金属或土做的炉子，炉子里有鼎或匮，炼丹的原料就在里面发生化学反应，同时还描写了古老的蒸馏器和研磨器，图3－4所示为古代炼丹的场所和设备。这些器具可看作是最早的过程装备了。中国炼丹技术无论在实验操作技术的发明或无机药物的应用方面，都为近代化学做了一些开路工作，是发展化学的先驱。

图3－4　古代炼丹的场所和设备

2. 瓦特和蒸汽机

真正具有工业意义的过程控制设备是蒸汽机（瓦特1769年）的发明，如图3－5所示。蒸汽机是将蒸汽能量转换为机械功的往复式动力机械。蒸汽机的出现引起了18世纪的工业革命。直到20世纪初，它仍然是世界上最重要的原动机，后来才逐渐让位于内燃机和汽轮机等。

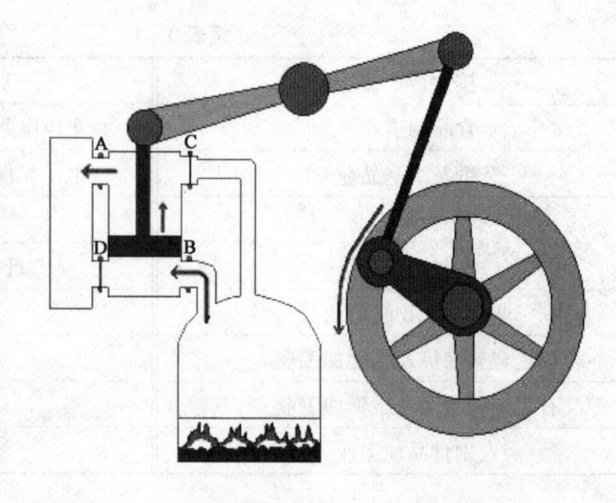

图3－5　瓦特及其蒸汽机

公元1629年意大利工程师布兰卡(Branca)发明用蒸汽推动风轮。1679年法国人帕蓬(Denis Papin)建造了第一台蒸汽锅炉，在英国大量推广。1689年英国人萨委瑞(Thomas Savery)用蒸汽机驱动水轮抽水。1700～1712年英国工程师纽柯门(Thomas New－comen)发明了活塞式蒸汽机，投入批量生产供应市场。

产业革命的标志——瓦特蒸汽机的发明，1765年瓦特发明蒸汽冷凝器，使蒸汽出口温度降低，从而提高了热机效率，1769年获专利。

18世纪末和19世纪初的工业革命加快了资本主义物质技术基础的建立。随着大机器生产的发展和复杂劳动工具与手段的产生，劳动分工越来越细，这就需要有各方面的专家从事生产的准备工作和组织工作，负责机械设计和研究产品的生产工艺。

值得注意的是，瓦特并不知道热力学第一、第二定律，是凭技术经验懂得了蒸汽温度和压力越高，其能焓越大；出入口蒸汽温差越大，热机效率越高。50年后才出现了卡诺循环。

3．卡诺及其循环

法国人卡诺(Sadi Carnot)于1824年(28岁)发表了《关于火的动力及产生这种动力的机器》，阐述了他的理想热机理论，这种热机称卡诺热机，其循环过程叫卡诺循环(Carnot Cycle)，如图3－6所示。卡诺的热力学成就为能量守恒和转化定律的发现直接铺平了理论道路。可惜卡诺36岁就过早去世了，但他奠定的热力学理论已成为现代热机设计的基础，也成了自然界必须遵守的普遍规律。当我们坐着舒适的汽车、火车和飞机旅行时，我们应该知道其中驱动它们的内燃机有着卡诺的贡献。

卡诺循环分析热机的工作过程。卡诺循环包括四个步骤：等温吸热、绝热膨胀、等温放热、绝热压缩。即理想气体从状态1(P_1,V_1,T_1)等温吸热到状态2(P_2,V_2,T_2)，再从状态2绝热膨胀到状态3(P_3,V_3,T_3)，此后，从状态3等温放热到状态4(P_4,V_4,T_4)，最后从状态4绝热压缩回到状态1。这种由两个等温过程和两个绝热过程所构成的循环称为卡诺循环。

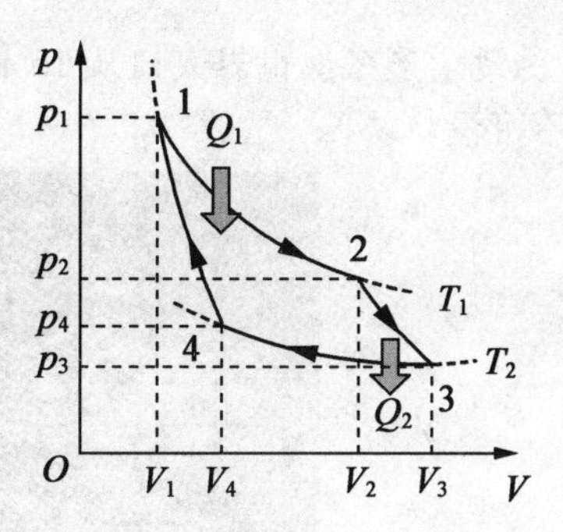

图3-6　卡诺及卡诺循环

4. 高压合成氨装置

过程装备技术的进步不仅开启了工业化时代，同时对于农业生产的进步也发挥了巨大的作用。

氨是最重要的氮肥，是产量最大的化工产品之一，传统的工业合成氨技术是德国人哈伯(Fritz Haber)在1905年发明的。他从1902年开始研究由氮气和氢气直接合成氨，于1908年申请专利，即"循环法"。在此基础上，他继续研究，于1909年改进了合成，也被称为哈伯法合成氨。获得了1918年度诺贝尔化学奖。合成氨生产方法的创立不仅开辟了获取固定氮的途径，更重要的是这一生产工艺的实现对整个化学工业的发展和对人类的生存产生重大影响，近一个世纪了，全世界都用这样的方法生产氨。图3-7为哈伯及耸立在KarIsruhe大学校园的氨合成塔。

哈伯

图3-7　哈伯及耸立在KarIsruhe大学校园的氨合成塔

5. 大规模农业生产设备(图3-8)

过程装备技术使大规模工业生产化肥(1909—1919)、杀虫剂(1938—1942)、除草剂(1944)成为可能；过程装备的机械工程师们为农业设计制造了千百种机动农牧业机械，拖拉机(1907)、联合收割机(1915)、打谷机(1943)、打捆机(1940)、转动浇水机(1948)、机械摘棉机(1949)、挤奶机(1940)和各种畜牧机械、加工设备，成十倍地提高了农牧业劳动生产率。世界人口从16亿增长到75亿,农业保障了世界食品供给,制造业功不可没。

图3-8　农业机械

6. 超高速离心机

西奥多·斯维德伯格(Theodor Svedberg,1884—1971)是瑞典物理化学家。由于发明了超速离心机并用于高分散胶体物质的研究,于1926年获得诺贝尔化学奖。

超高速离心机被应用在很多有关生物学的领域:例如利用分子颗粒大小的不同可以将大小分子分离出来,较大的分子运用较小的转速便可以分离出来,此后再运用不同的转速便可以将不同大小的分子分离出来。

除此之外尚可利用不同的转速来分离大小不同的细胞,以方便对每一个细胞做更深一层的了解。图3-9为西奥多·斯维德伯格及超速离心机。

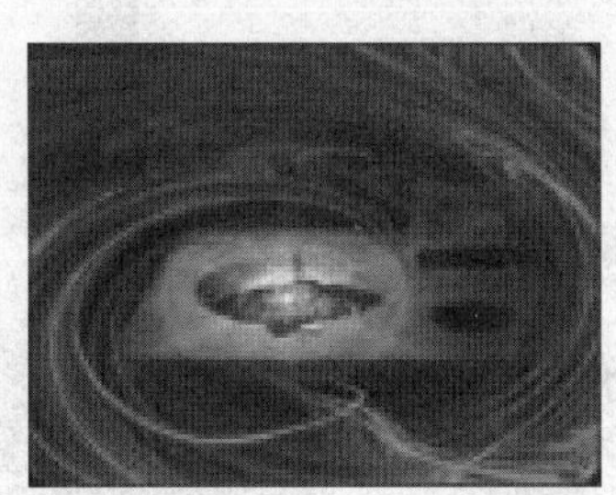

图3-9　西奥多·斯维德伯格及超速离心机

7. 药物合成装置

保健技术与医药卫生的重大突破主要发生在20世纪。抗生素(1928)、磺胺(1932)、胰岛素(1921)、维生素(1928)、脊髓灰质炎疫苗(1952—1957)、青蒿素(1970)等新药的发现和批量生产拯救了千百万人的生命,70年代消灭了天花,这都是医药化学家和过程装备与控制工程师的功德。

人均期望寿命已从20世纪初的30~40岁提高到70岁以上。

8. **石油化工装置**

石化产品充满了社会生活的每一个角落。现代运输业、能源、化工、人造纤维、农业肥料都以石油化工为基础。图3－10为石油化工装置。

石油化工的兴起是20世纪化工流程制造业的杰出贡献。由于物理学和有机化学的进步，工程师们制造出了人造丝（1903）、人造棉（1912），掌握了蒸馏和裂解石油技术（1913—1936），制造塑料（1909—1918）、化学纤维（1912）、尼龙（1940）和人造橡胶（1930）。

现在，塑料和人造纤维成为人类衣、食、住、行片刻不能离开的材料。

图3－10　石油化工装置

9. **核与发电装置**

核能技术的社会影响虽然有争论，如核威慑，但核技术用于发电、医学诊断和治疗是无可争议的。核聚变是地球上未来取之不尽的清洁能源。

图3－11为核电站照片，图3－12为核蒸汽供应系统。

图3－11　核电站照片

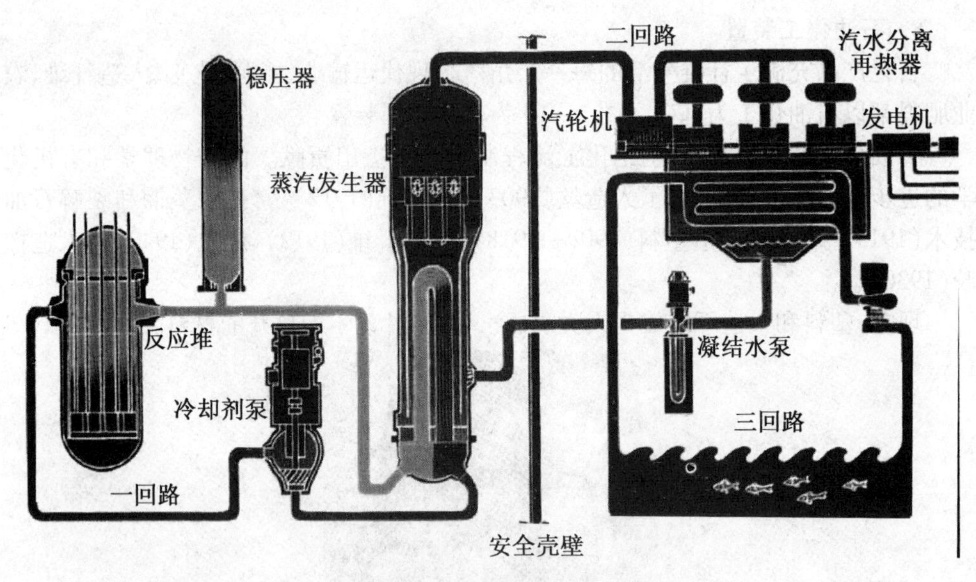

图 3－12 核蒸汽供应系统

10．大型球罐

过程装备中的球罐是储蓄气体或液体的容器，设计成球罐可大幅度减少钢材的消耗，占地面积小，基础工程量小，可节省土地面积。如图 3－13 所示为大型球罐图片。

图 3－13 大型球罐

11．常减压装置

常压蒸馏和减压蒸馏习惯上合称常减压蒸馏，常减压蒸馏基本属于物理过程。原料油在蒸馏塔里按蒸发能力分成沸点范围不同的油品（称为馏分），这些油有的经调和、加添加剂后以产品形式出厂，相当大的部分是后续加工的原料，因此，常减压蒸馏又被称为原油的一次加工。

常减压装置是常压蒸馏和减压蒸馏两个装置的总称，因为两个装置通常在一起，故称为常减压装置。主要包括三个工序：原油的脱盐、脱水；常压蒸馏；减压蒸馏。从油田送往炼油厂的原油往往含盐(主要是氧化物)带水(溶于油或呈乳化状态),可导致设备的腐蚀,在设备内壁结垢和影响成品油的组成,需在加工前脱除。

常减压装置的图片如图 3－14 所示。

图 3－14　常减压装置

12. 炼油厂设备

炼油是将原油或其他油脂进行蒸馏改变分子结构的一种工艺,也就是把原油等裂解为符合内燃机使用的煤油、汽油、柴油、重油等燃料。炼油的方法有裂化法、减压蒸馏、常压蒸馏三种。图 3－15 是天津炼油厂设备图片。

图 3－15　天津炼油厂设备

13. 水煤浆汽化炉

水煤浆是由大约 65% 的煤、34% 的水和 1% 的添加剂通过物理加工得到的一种低污染、高效率、可管道输送的代油煤基流体燃料。水煤浆具有燃烧效率高、污染物排放低等特点,可用于电站锅炉、工业锅炉和工业窑炉代油、代气、代煤燃烧。水煤浆技术包括水煤浆制备、储运、燃烧、添加剂等关键技术,是一项涉及多门学科的系统技术。图 3－16 是水煤浆汽化炉图片。

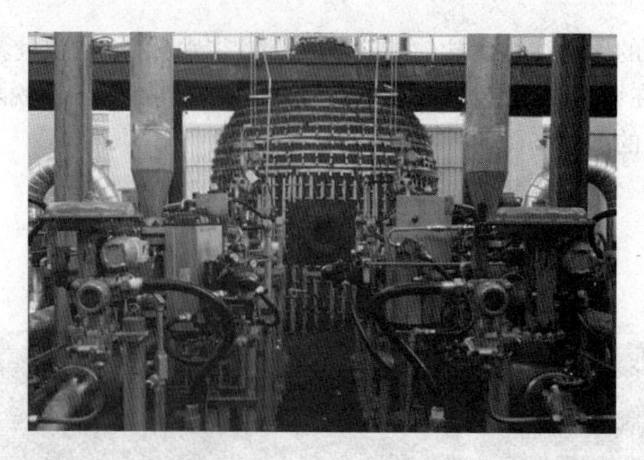

图 3－16　水煤浆汽化炉

14. **大型反应器**

反应器是实现反应过程的设备，广泛应用于化工、炼油、冶金、轻工等工业部门。化学反应工程以工业反应器中进行的反应过程为研究对象，运用数学模型方法建立反应器数学模型，研究反应器传递过程对化学反应的影响以及反应器动态特性和反应器参数敏感性，以实现工业反应器的可靠设计和操作控制。图 3－17 是 560 吨的加氢裂化反应器。

图 3－17　560 吨的加氢裂化反应器

15. **核电站**

核电站(Nuclear power plant)是利用核裂变(Nuclear Fission)或核聚变(Nuclear Fusion)反应所释放的能量产生电能的发电厂。目前商业运转中的核能发电厂都是利用核裂变反应而发电。核电站一般分为两部分：利用原子核裂变生产蒸汽的核岛(包括反应堆装置和一回路系统)和利用蒸汽发电的常规岛(包括汽轮发电机系统)，使用的燃料一般是放射性重金属：铀、钚。核电站可以分为以压水堆为热源的核电站、以沸水堆为热源的核电站、以重水堆为热源的核电站、由快中子引起链式裂变反应所释放出来的热能转换为电能的核电站。

图3-18为秦山二核一号机组,是中国最神秘最高贵的核电圣地。

图3-18　秦山二核一号机组

3.2　主干课程

3.2.1　构建课程体系

过程装备与控制工程专业主要是研究化工、石油化工、炼油与天然气加工、轻工、核电与火电、冶金、环境工程、食品及制药等流程工业中处理气、液和粉体材料必需的设备与技术。该学科是融机械工程、化学工程、控制工程和材料工程等学科领域于一体的复合交叉型学科。学科面向国家经济建设的需求,服务于石油、化工、能源、冶金、航空航天、造纸、制药、食品等与过程相关的工业领域。

过程装备与控制工程专业的知识结构和研究与学习方法可归纳为:先基础,后专业;先单科,后综合;课程教学与实践教学交叉;知识传授和能力培养并重;理论夯实和工程训练兼顾。

通过基础课程的学习,扩大知识面;通过专业课程的学习,形成专业特色;在课程教学过程中,通过实验与实习等实践环节,加深对理论知识的理解,逐步养成实践的观点;通过各种社会活动与创新实践,加强能力培养;通过毕业环节,提高专业知识的综合应用能力,建立实际工程概念,具备解决工程实际问题的初步能力。

课程体系结构如图3-19所示,学科专业基础课包括三个学科:过程基础、机械基础和控制基础。专业必修课突出了过程装备与控制工程专业的主要专业课程:过程设备设计、过程流体机械和过程装备控制技术及应用等。

现将我校2017级培养方案中学科专业基础课(含必修课、限选课)的课程名称、学时分配以及学期、周数、周学时数列于表3-2;专业课中的必修课和限选课的课程名称、学时分配以及学期、周数、周学时数列于表3-3。

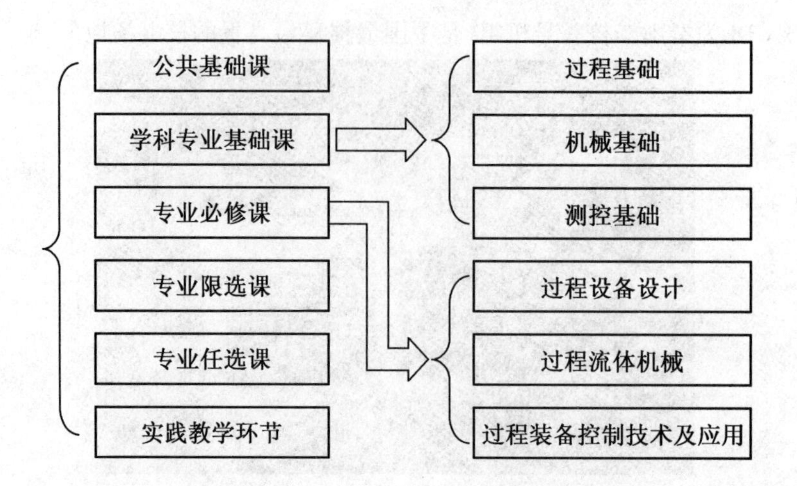

图 3－19　过程装备与控制工程专业课程体系结构

表 3－2　我校培养方案学科专业基础课及分布

课程类别	课程性质	课程名称	学时分配			学期、周数、周学时数							
			总学时	讲课	实验	一	二	三	四	五	六	七	八
						13	16	13	15	13	11	8	0
学科专业基础课	必修课	机械制图	96	96		5×12	4×9						
		机械工程专业导论	20	20		2×10							
		机械工程材料	32	28	4		4×8						
		金属工艺学	36	34	2		4×9						
		理论力学	52	52				4					
		材料力学	60	52	8				4				
		机械原理	56	52	4				4×14				
		机械设计	60	54	6					5×12			
		电工与电子技术	60	50	10			5×12					
		化工原理	90	82	8				6				
		工程热力学	39	39				3					
	限选课	机械精度设计与检测基础	32	26	6					4×8			
		机械制造技术	48	44	4					4×12			
		计算机绘图	24	12	12					2×12			
		专业外语	28	28								4×7	
		工程流体力学	39	39				3					

表3-3　我校培养方案专业课及分布

课程类别	课程性质	课程名称	学时分配			学期、周数、周学时数							
			总学时	讲课	实验	一	二	三	四	五	六	七	八
						13	16	13	15	13	11	8	0
专业课	必修课	过程装备控制技术及应用	44	38	6						4		
		过程设备设计	78	70	8					6			
		化工 AutoCAD 应用基础	33	33							3		
		过程装备制造与检测	33	33							3		
		过程流体机械	60	52	8					5×12			
		粉体工程与设备	32	32								4	
	限选课	过程装备腐蚀与防护	32	32								4	
		压力容器安全技术	32	32								4	
		过程装备密封技术	32	32							4×8		
		过程装备焊接	32	32							4×8		
		过程装备成套技术	32	32							4×8		
		石油炼化工程	32	32							4×8		

3.2.2　主干课程

我校过程装备与控制工程专业经修订后的2017版培养方案规定的主干学科为：机械工程、化学工程、控制工程。

主干课程为：机械制图、理论力学、材料力学、工程热力学、机械原理、机械设计、化工原理、过程设备设计、过程流体机械、过程装备制造与检测、过程装备控制技术及应用、过程装备腐蚀与防护、过程装备成套技术、过程装备密封技术、电工及电子技术、计算机绘图等。

3.2.3　构建实践教学内容及体系

针对过程装备与控制工程专业“过—装—控”一体化的多科型、交叉型专业的特点，为培养应用型人才，必须加强实践教学环节，提高学生的实践能力和工程意识。从专业的角度，实践教学包括两部分内容：专业实验课以及多种实践教学环节。

3.2.3.1　专业实验

我校专业实验室设备先进、实验项目齐全。学校从北京化工大学购置先进的整套实验装置，已建成初具规模的过程装备与控制工程专业实验室，可为“过程设备设计”及“过程流体机械”等专业课开设20余个实验，主要实验设备包括：

1. 过程设备与控制多功能综合实验台

过程设备与控制多功能综合实验台由动力系统（电机和多级泵）、换热系统、加热系统、数据采集系统、测试系统以及控制系统等组成，是一套实用性很强的实验装置。实验台在硬件和软件方面涉及变频控制技术；压力、流量、温度、转速及转矩的测试技术；微机数据采集技术和过程控制技术；以及微机通信技术等，是比较典型的集过程、设备及控制于一体的多学科交叉实验装置。

该实验装置可以做以下 10 个实验：

①离心泵性能测定实验；

②离心泵汽蚀性能测定实验；

③调节阀流量特性测定实验；

④换热器换热性能实验；

⑤流体传热膜系数测定实验；

⑥换热器管程和壳程压力降测定实验；

⑦换热器壳体热应力测定实验；

⑧单回路压力控制实验；

⑨单回路流量控制实验；

⑩换热器串级温度控制实验。

图 3－20 是我校研究员级高工于霁厚在多功能综合实验台给学生讲解实验。

图 3－20　学生在多功能综合实验台的实验课

2. 往复式压缩机实验装置

该实验装置可以做往复式压缩机性能曲线测试、往复式压缩机闭式示功图等。

图 3－21 是我校高工杨玉春在给学生讲解往复式压缩机实验。

3. 压力容器综合实验装置

实验装置由两台卧式容器（含锥形封头、椭圆封头、球形封头、平板封头）、一台立式容器、加压泵和计算机压力数据采集系统构成完整的压力容器检测系统。

实验装置能做四种不同形式封头的应力测定实验、外压薄壁容器稳定性实验和爆破片爆破实验等。

图 3－22 是我校高工杨玉春为开设压力容器综合实验课做调试工作。

图3－21　杨玉春给学生讲解往复式压缩机实验

图3－22　杨玉春为压力容器综合实验做调试工作

3.2.3.2　实践教学环节

我校开设了多种形式的实践教学环节共48周，特点是单独设置、加大比例、多层次、针对性强，构建了图3－23所示的实践教学体系。

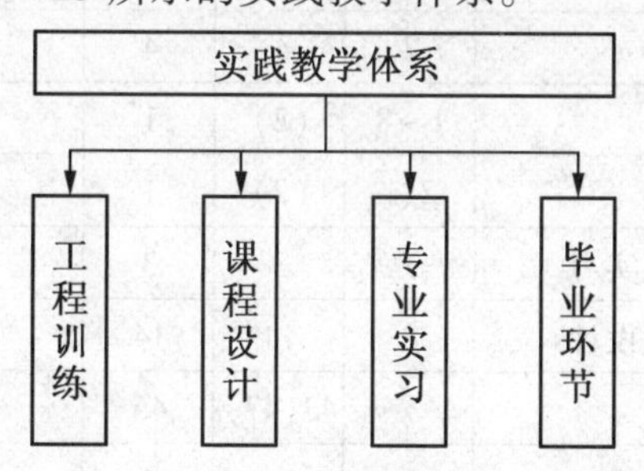

图3－23　实践教学体系

1. 加大了课程设计环节的力度

课程设计是促使学生加深对理论知识的学习和理解、培养学生设计能力的重要环节，是与课程教学同步进行且独立设置的实践环节。在新修订的2017版培养方案中，设置了6门课程共11周的课程设计。

我们加大了课程设计的力度,提高了学生综合运用所学知识分析和解决工程实际问题的能力,使学生在理论计算、结构设计、工程绘图、查阅设计资料、标准与规范的运用和计算机应用等方面的能力得到训练和提高。

2. 强化实习实训

实习实训对培养学生的实践动手能力、工程设计能力和加强工程创新意识非常重要,是实践教学体系中的一个重要环节。在新修订的2017版培养方案中,实习实训12周。2017版培养方案具体的实践环节见表3-4。

表3-4　我校2017版培养方案具体的实践环节

名称	内容	学期	周数	学分	场所	备注
军训	军训及入学教育	1	2	2	校内	3~4周
机械制图课程设计	齿轮油泵装配图及零件图测绘	2	1	1	校内	17周
课程实习	金属工艺学	3	4	4	工程训练中心	14~17周
课程设计	化工原理	4	1	1	校内	16周
课程设计	机械原理	4	1	1	校内	17周
专业实习	机械制造生产实习	5	4	4	齐齐哈尔二机床(集团)有限责任公司	16~19周
课程实训	过程装备控制技术及应用	6	1	1	校内	17周
机械设计课程设计	二级减速器设计	6	3	3	校内	1~3周
课程设计	过程设备设计	7	3	3	校内	1~3周
机械制造技术课程设计	夹具设计	6	2	2	校内	4~5周
专业综合实习		7	4	4	校外	13~16周
公益劳动		1~8	(2)	1	校内	分散进行
社会调研		2、4	(2)	1		假期进行
毕业实习	毕业实习	7	3	3	校外	17~19周
毕业设计	毕业设计	8	14	14	校内/校外	1~14周
小计			43(47)	45		
大学计算机基础	上机	1		1		
计算机程序设计(C语言)	上机	2		1		
大学物理实验B	实验	2		1		
合计				48		

3.3　培养目标及就业情况

3.3.1　培养目标

3.3.1.1　概述

高等教育的职能是培养人才、发展科技和服务社会，过程装备与控制工程专业在不同类型的高校中应有不同的人才培养模式。制订过程装备与控制工程专业培养目标时，考虑具有培养定位准确、人才培养模式与社会需求的符合度高、为区域经济服务的特征等。

对于研究型大学，应重视通识文化教育，加强基础学科、基础理论课程和学科交叉的课程模块的建构，力图实现学生的知识体系精深、广博与学科交叉的协调统一，本科生与研究生课程学习的有机统一和衔接；以培养基础知识宽厚、创新意识强烈，具有良好自学、自主研究能力和动手能力的通识性人才为目标，实施通识教育基础上的宽口径专业教育。

对于教学型高校，在学生的知识构建上应把握好通识教育与专业教育的关系，教学型高校的人才培养模式应是一种针对专业教育而言的通识教育，同时也为终身教育做准备、打基础。

3.3.1.2　我校过程装备与控制工程专业的培养目标

我们学校属于教学型高校，且更强调应用型和为地方服务，即地方性。

我校过程装备与控制工程专业2017版的专业培养目标是：本专业培养德智体美全面发展，适应经济社会发展需要，掌握机械工程、化学工程、控制工程等方面的知识和能力，具备化工设备的设计制造、生产技术、经营管理、监测控制、运行维护等方面的基本能力，具有社会责任感、创新创业精神、实践能力和务实作风的高素质应用型一线工程技术人才。学生毕业后可在化工、机械、石油、轻工、能源、制药、食品、环保、医药及劳动安全等一线部门从事实际工作。

学校实行弹性学制管理，标准学制为4年。在校修读年限为4～6年，自主创业学生最多修读年限可8年。本专业全程培养总学分为178学分，其中理论教学136学分、实践教学48学分。

培养目标的实质是让学生在牢固掌握机械学科基础知识的同时，发挥本院机械学科的优势，加强与化工、控制等知识的交叉，使过程装备与控制工程专业本科学生的知识内涵拓宽和外延，真正做到"宽口径、复合型、实用型、针对型"、动手能力强和基本技能过硬的应用型人才，即符合应用型、服务地方性的要求。

3.3.1.3　过程装备与控制工程专业的培养要求

对高校过程装备与控制工程专业人才培养要求（或规格）应遵照以下原则进行制订：

（1）素质结构要求：人才的素质应包括思想道德素质、文化素质、专业素质和身心素质。

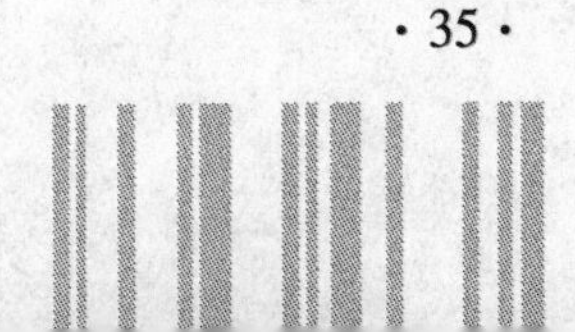

(2)能力结构要求:人才的能力应包括获取知识能力、应用知识能力和创新能力。

(3)知识结构要求:人才的知识结构应包括工具性知识、人文社会科学知识、自然科学知识、经济管理知识、工程技术知识和专业知识。

(4)在思想道德素质方面,应有科学的世界观、正确的人生观和价值观;有高尚的道德情操,有较强的法制观念;有高度的社会责任感和团体向心意识等。

(5)在文化素质方面,应有良好的人文修养、高雅的气质和高尚的品质;应能妥善处理人与自然、社会的关系;应具备竞争、民主、法纪等现代意识。

(6)在科学素质方面,应有扎实的专业知识和广泛的科学知识;应有敏捷的科学思维、严谨的科学精神、良好的科学修养。

(7)在工程素质方面,应具备扎实、宽厚的工程技术基础;应具备分析、解决工程实际问题的能力。

(8)在身心素质方面,应具备稳定向上的情感力量,坚强恒久的意志力量,鲜明独特的人格力量;应有健康的心理,积极向上的生活态度;应能正确评价自己,善待他人;应能敢于承受挫折,具有坚忍不拔的毅力;应有较强的创新意识和竞争意识。

(9)人才的能力应包括获取知识能力、应用知识能力和创新能力。

(10)过程装备与控制工程专业的学生应有较强的自学能力、表达能力、社交能力、计算机及信息技术应用能力;应具备解决问题能力、综合实验能力、工程实践能力、工程综合能力;应具有创造性思维能力、创新实践能力、科技开发能力、科技研究能力。

各个高校过程装备与控制工程专业人才培养要求(或规格)不尽相同,但大致原则是与以上10方面的原则为指导思想制订的。

我校制订的2017版过程装备与控制工程专业人才培养方案如下:

本专业学生主要学习机械工程、化学工程及控制等方面的基本理论和基本知识,接受计算机技术、机械工程技术、过程(化学)工程技术、监测控制技术等方面的基本训练,具备机械设计、过程装备与控制设计等方面的基本能力。

毕业生应获得以下几方面的知识和能力:

(1)具有本专业所需的数学及其他相关的自然科学知识,较好的人文和社会科学基础,较好的科技写作、计算机和外语运用能力。

(2)具有机械工程、化学工程及控制工程学科专业的基础理论知识,具有化学工程学科以及控制工程学科的基本知识和应用能力。

(3)熟悉过程装备特别是压力容器的设计方法和相关标准,具有根据工艺要求进行过程装备的设计、制造、监控、评估和管理的能力。

(4)熟悉机械加工过程及机械设计方法和相关国家标准,掌握机械设计的基本方法和步骤,具有机械设计的基本能力。

(5)具备本专业所必需的设计、计算、实验、实习等工程实际操作的基本技能和分析处理工程问题的基本能力。

(6)具有良好的身心素质和人文社会科学素养,具有较强的社会责任感和职业道德。

(7)能运用现代信息技术获取相关信息,具有拓展知识面和跨专业、跨文化的学习交流能力,具有终身学习的意识和能力。

(8)掌握文献检索、资料查询的基本方法,具有一定的科学研究和实际工作能力。

3.3.2　就业情况

3.3.2.1　专业口径宽、就业面广

过程装备与控制工程专业,以前称为化工机械专业,其专业培养目标是:掌握机械工程、化学工程、控制工程等方面的知识和技能,具备化工设备的设计制造、生产技术、经营管理、监测控制、运行维护等方面的基本能力,具有社会责任感、创新创业精神、实践能力和务实作风的高素质应用型一线工程技术人才。学生毕业后可在化工、机械、石油、轻工、能源、食品、环保、医药及劳动安全等一线部门从事实际工作。

从名称上就不难看出该专业各学科的交叉性,曾经有人这么解释过过程装备与控制工程专业:过程装备与控制工程专业的学生比学化工的多懂些机械,比学机械的多懂些控制,比学控制的多懂些工艺,这是一个比较生动的说法,因此工程装备与控制工程专业是一个宽口径、就业面广的专业。

过程装备与控制工程专业就业面广,属于热门专业之一,近几年来就业形式非常乐观,基本都能找到就业岗位。在全国各学校中,过程装备与控制工程专业的就业情况都是名列前茅的。

3.3.2.2　可从事的行业和地区

过程装备与控制工程专业的学生具有综合型人才的特点,可以从事与这四个工程相关的工作,即机械工程、化学工程、控制工程和管理工程,可以说,只要是与化工设备及机械有关的单位,该专业的毕业生都可以去就业。真是"广阔天地,大有作为"。

过程装备与控制工程专业学生毕业后主要在机械、石油、新能源等多个行业工作,大致是如下几个行业:

(1)机械/设备/重工;

(2)石油/化工/矿产/地质;

(3)新能源;

(4)环保;

(5)仪器仪表/工业自动化;

(6)制药/生物工程;

(7)建筑/建材工程;

(8)其他行业。

据经济日报、中国教育报、中央电视台报道:2017届大学毕业生就业率最高的本科前50个专业就包括过程装备与控制工程专业。专业需求量最多的地区是"上海",占24%,专业需求量最多的行业是"机械/设备/重工",占23%。

表3－5给出了2018年2月毕业生从事行业及地区的大致统计，我省过程装备与控制工程专业只有三所大学开设：东北石油大学、齐齐哈尔大学和哈尔滨石油学院。因此对于我省这样一个石油、石化大省，过程装备与控制工程专业更是急缺专业。

表3－5　过程装备与控制工程专业毕业生从事行业及地区统计

就业行业分布		就业地区分布	
就业行业	所占比例/%	就业地区	所占比例/%
机械/设备/重工	23	上海	24
石油/化工/矿产/地质	18	南京	14
新能源	14	北京	10
环保	13	杭州	10
其他行业	19	深圳	8
制药/生物工程	6	湖州	7
仪器仪表/工业自动化	4	宁波	6
建筑/建材工程	3	广州	5
家具/家电/玩具/礼品	3	成都	5
原材料和加工	2	常州	5

3.3.2.3　可从事的岗位及薪酬

毕业生主要从事设备工程师、机械工程师、机械设计工程师等工作，可从事的岗位大致如下：

(1)设备工程师；

(2)机械设计工程师；

(3)压力容器设计工程师；

(4)机械工程师；

(5)销售工程师；

(6)主任设计工程师；

(7)设备技术员；

(8)压力容器设计工程师；

(9)技术员；

(10)设计工程师；

(11)化工设备工程师等。

毕业后学生的工资待遇相差很大，影响因素很多，主要与所就业的单位情况、就业的岗位情况、工作技术含量等有关。

2018年初，据不完全统计，部分过程装备与控制工程专业毕业生所从事的不同岗位以及月薪酬见表3－6，从表中可见：月薪酬最高为18 630元，最低为4 000元。

表3-6 过程装备与控制工程专业毕业生不同岗位的月薪酬统计

岗位名称	过程质量工程师	过程检验员	过程检验	全过程项目负责人	装备工程师	高级智能装备工程师	自动控制工程师	风险控制专员
月薪(元/月)	7 970	4 000	4 180	18 630	9 100	12 690	6 500	5 820
岗位名称	自动化控制工程师	智能控制专员	智能控制部专员	机械工程师	工程监理	设备工程师	软件实施工程师	开发工程师
月薪(元/月)	7 070	5 360	5 360	6 630	5 890	6 270	5 330	14 290

3.3.2.4 就业前景

毕业生具备化学工程、机械工程、控制工程和管理工程等方面的基本知识和技能,具有宽口径的就业特点,可在多学科、多领域从事相关工作。

从过程装备与控制工程专业的名称上就不难看出该专业具有各学科的交叉性:化工—机械—控制等,因此就业面宽广,且具有较强的适应能力。

过程装备与控制工程专业的就业前景是十分美好的,由于该专业已经渗入到国民经济的各领域,如以上提到的机械、化工、石油、制药、轻工、环保、材料冶金、食品等领域,甚至该技术也渗入到航空、航天、原子能等领域中的诸方面。可以说,只要是与过程装备有关的单位,该专业的毕业生都可以去就业。外资企业在我国设立的机构也大量招收过程装备与控制工程专业的学生,本专业就业前景很好。

就业前景以可从事的化工类行业为例进行分析:我国的化工类行业是相当繁荣的,并且一直保持良好的发展势头。煤化工和石油化工基本上囊括了所有的化工企业,过程装备与控制工程专业学子可以在这两类企业中大显身手,很多毕业生分配到企业的管理机构工作,特别是在中层的管理方面凸显出本专业的优势。就业形式在近几年来都比较乐观,基本能达到95%以上。

随着我国经济的不断发展,相关学生的需求量将会日益增多,因此未来5年本专业学生的需求量还会进一步增加。从本专业目前的规模来看:目前全国有100所院校设置过程装备与控制工程专业,每一所学校按每年招生3个班(每班30人)计算,那么每年培养9 000名学生,远远低于社会的需求量,但是限于办学条件,各校也无力再扩大招收人数。因此,该专业属于专业面广、受益面大的专业。

过程装备与控制工程工业是一个快速发展的工业领域,过程装备与控制工程专业是流程工业(过程工业)的基础。本专业又有多学科交叉、宽口径面向的特色,是其他专业不能替代的。我们如果按以上培养方案及要求的框架进一步加强本专业建设,必将赋予其更丰富的内容、更广泛的应用领域以及更广阔的发展前景,作为一名过程装备与控制工程专业的学子真是"广阔天地,大有作为"。

3.3.2.5 考研深造

过程装备与控制工程专业的学生可以选择考本专业硕士研究生,硕士有六个二级学科：化工过程机械、动力机械及工程、热能工程、工程热物理、流体机械及工程和制冷及低温工程，这六个二级学科隶属于“动力工程及工程热物理”一级学科。化工过程机械学科是国务院学位委员会1981年批准的首批具有硕士学位和博士学位授予权的学科之一。在恢复研究生招生后，华东化工学院和浙江大学的化工机械专业成为全国首批硕士点和博士点，定名为化工过程机械专业。

同时由于过程装备与控制工程专业的学科交叉性，学生也可选择报考机械类以及化工类等相关专业的研究生。

我校过程装备与控制工程专业11级毕业生李文帅于2016年以365分的高分（全国研究生录取分数线为290分）考入浙江工业大学过程装备与控制工程专业的研究生。研究生毕业后，可选择的工作范围和工作性质等都会有很大的选择性，相应的工作待遇也会有很大的提高。因此对于一些基础较好的学生，毕业后选择考研是一个很好的出路。

3.4 专业发展现状

3.4.1 过程工业发展迅猛

如前所述，过程装备与控制工程专业主要以过程工业为专业背景。过程工业是指以流程性物料（如气体、液体、粉体等）为主要对象，以改变物料的状态和性质为主要目的的工业，它包括化工、机械、能源、制药、食品、动力、石油、生化、环保、劳动安全等诸多行业与部门。

过程装备与控制工程专业在国民经济和社会发展中起着极其重要的作用，石油化工、能源、动力是国家的支柱产业，而过程装备与控制工程是这些产业的支柱，这些行业的发展以工艺过程为先导，以先进的装备和控制技术为保障；其次，环境工程、生物工程等新兴产业的发展，必须以过程装备和控制技术为前提；第三，我国的石油化工装备经历了成套设备引进，主体设备引进、辅助设备国产化，核心设备引进、配套设备国产化等阶段。每一发展阶段，都凝结着过程装备与控制工程专业人员的心血。今后还会经历技术引进、成套设备国产化、全盘国产化和技术设备出口等阶段，该专业仍将起到不可替代的作用。

过程工业是国民经济的支柱产业；过程工业是发展经济、提高我国国际竞争力的不可缺少的基础；过程工业是提高人民生活水平的基础；过程工业是保障国家安全、打赢现代战争的重要支撑，没有过程工业就没有强大的国防；过程工业是实现经济、社会发展与自然相协调从而实现可持续发展的重要基础和手段。

3.4.2 过程装备与控制工程专业教育尚需加速

过程工业是一个快速发展的工业领域，“过程装备与控制工程”专业教育是流程工业（过程工业）的基础。过程装备与控制工程专业是20世纪50年代中期发展起来的一门融机械、化工、电工于一体的交叉性学科，是由最初的化工机械发展过来，自成立以来,已曲曲折折地走过了近60多年的路程:1951年大连工学院(大连理工大学前身)首先成立“化学生产机器与设备”专业;1952年全国高校大调整,天津大学、浙江大学、华东化工学院、华南工学院、成都工学院、杭州化工学校(中专班)等,成立“化学生产机器与设备”专业,简称为化机专业;到2004年为止,全国设置有过程装备与控制工程专业的普通本科高校有76所;到2017年,据不完全统计,开设过程装备与控制工程专业的院校已达126所。

过程装备与控制工程专业在工、矿、企业等制造业的发展中起到了强劲的促进作用。纵观过程装备与控制工程专业的发展历史,其发展趋势是日渐热门。就业形势方面,本专业人才需求量基本上一直是供不应求的状况,就业率越来越高,就业环境越来越好,就业待遇也不断在上升,属于专业面广、受益面大的专业。目前,本专业受到各个学校培养规模等条件的限制,毕业生的数量远远满足不了快速发展的过程工业的需求量,专业教育的发展尚需加速。

3.5　专业发展趋势

“过程装备与控制工程”专业是流程工业(过程工业)的基础,因此“过程装备与控制工程”专业的发展趋势与过程工业的发展息息相关。

“过程装备与控制工程”专业发展趋势是:

1. 设计制造趋向绿色、全面

由过去单纯地考虑正常使用的设计而不考虑生产前后产生的问题、不考虑对环境的影响,延伸到考虑建造、生产、使用、维修、废弃、回收和再利用在内的全生命周期的综合决策。

由于系统的复杂性,牵一发而动全身,因此全面考虑生产环节也对设计者提出了更高要求。这是一种全局观念,也体现了可持续发展的战略思想。可持续发展的战略思想渗透到工程科学的多个方面,表现了人类社会与自然相协调发展的趋势。

2. 学科深度融合,趋向智能控制

工程科学的研究尺度向两极延伸,以及广泛的学科交叉、融合,推动了工程科学不断深入、不断精细化,同时也提出了更高的前沿科学问题,尤其是计算机科学和信息技术的发展冲击着每个工程科学领域,影响着学科的基础格局。当今,自动化、智能化已经广泛运用于工程学的方方面面。

智能控制是一门新兴的、多学科交叉的理论和技术,著名美籍华人学者傅京孙于1971年首先提出它是人工智能和控制论的交叉,又有美国学者在此基础上加入了运筹学,即智能控制是人工智能、控制论和运筹学的交叉,如果把对目标的规划、协调和管理也视为一种智能活动,那么两者是一致的。人工智能主要包括专家系统、模糊理论和神经网络;控制论主要指古典控制和现代控制;运筹学主要涉及定量优化方法。

目前很多学者在两个方面展开了大量的研究:一是智能方法之间的结合;二是智能控制与传统控制的结合。如模糊逻辑与神经网络技术,利用神经网络的自学习自适应功能,为模糊控制提供控制规则,而利用模糊控制具有仿人决策推理能力完成对目标的控制，两者相得益彰，使功能进一步加强。智能方法与传统方法的结合，能取长补短，形成更大的优势。

3. **产品趋于模块化、多样化**

过程设备就是按照单元的组合而实现功能的，模块化思想则是组建更大的“单元”，每个模块既可以作为一个单独的设备运行，也可以进行拼接耦合，从而形成复杂的系统。产品的个性化、多样化和标准化已经成为工程领域竞争力的标志，要求产品更精细、灵巧并满足特殊的功能要求，产品创新和功能扩展强化是工程科学研究的首要目标，模块化就是用来解决这个问题。由此，柔性制造和快速重组技术在大流程工业中也得到了重视。

过程工业是一个快速发展的工业领域，现代社会的发展越来越依赖于高度机械化、自动化和智能化的产业创造财富，而这一切都离不开现代化的工业装备。流程工业是加工制造流程性材料产品的现代国民经济支柱产业之一，其发展的实现必然要求越来越先进的过程装备。

过程企业正在越来越多地应用新技术来解决生产实际问题，已有一批比较成熟的优化软件和方法应用于各个企业，成为一项投资少、见效快、挖潜增效的重要措施。总的趋势是自动化、集中化、集成化、整体化。为提高企业的竞争力，企业必须将这些包括企业日常管理、过程控制、生产运行、市场营销、过程设计和投资决策等企业运作的全过程综合集成起来，利用现代管理理论和方法，实现管理与技术的综合集成，才能保持企业的生存和发展。

过程装备与控制工程是近代化工业发展的基点，是衡量企业、制造业发展的标志，其发展是社会进步的综合表现，也是人类文明的体现。

过程装备与控制工程专业所学的核心内容之一是化工过程装备，它主要服务于现代大化工及与之相近的许多流程工业，是现代大化工中必不可少的工艺、设备、自控三大核心技术之一。过程装备服务面向的生产过程十分宽广，通常包括过程机械、过程设备、压力容器三大部分。随着我国石油化工业的飞速发展并成为支柱产业之一，化工过程装备行业获得了迅猛的发展。过程装备与控制工程专业涉及的领域绝大多数为国计民生的传统工业部门，人才需求量大，人才的培养周期较长，越老经验越丰富，也就越值钱。大多数流程工业的企业仍然是国有独资或者国有控股的公司，这些公司的福利待遇好，较为稳定，称得上新时代的“铁饭碗”。

化机专业为新中国的化工、石油化工和相关流程工业的发展壮大建立了不可磨灭的功绩，因此在今后的相当一段时间内，国家更需要大量过程装备方面的高级人才，过程装备与控制工程专业毕业生的就业前景是十分美好的。

过程装备与控制工程专业的就业前景固然明朗，但并不意味着选择了这个专业就万事大吉了。在校期间，我们应该努力学好专业知识，为将来能够胜任工作打下基础；同时，我们应把握好每次专业实习机会，丰富自己的实践经验，为将来就业做好准备。

习　　题

1. 简述过程装备与控制工程专业的发展历史。
2. 给出“过程”及“过程技术”的定义。
3. 描述“过程装备与控制工程”专业的内涵。
4. 描述过程装备与控制工程的主干课程。

第4章 机械电子工程

4.1 专业简介

机械电子工程(080204)专业俗称机电一体化,是机械工程与自动化结合交叉融合的学科,当前,机械电子工程专业是融合机械、电子、控制、计算机为一体的交叉学科。机械电子工程专业是机械和电子专业不断的融合。

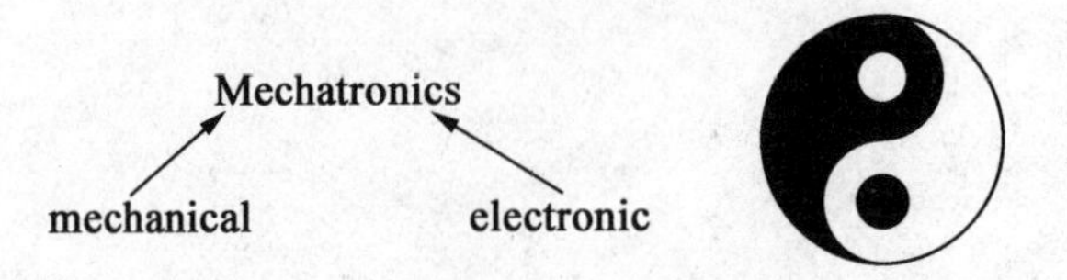

图4-1 机械电子工程示意图

机械电子工程专业学生要求掌握机械电子工程专业的基础理论和基本知识,具备机电产品设计、制造、设备控制及生产管理等方面的基本能力,培养具有社会责任感、创新创业精神、实践能力和务实作风的高素质应用型一线机电行业高级工程技术人才。

因此,机械电子是工程科学中的一个跨学科专业,是在机械制造、控制科学、电子计算机科学等学科基础上建立起来的。因此,必须有效利用各学科的优势特长,将传感器、执行元件和信息处理融合在一个机械设计中,从而使其产生协同工作的效果。

机械电子工程师能在机电产品设计与制造、工业自动化及智能制造等技术领域的中、外资企事业等各单位的基层部门从事涉及机械电子专业的实际工作。他们必须对专业有全面系统的认识,并且与机械制造、控制科学、电子计算机科学领域的专家合作。与这些专家不同的是,机械电子工程师应该具有通才的素质,对项目和问题有决策和协调的能力。

4.1.1 专业发展历史

由于微电子技术的不断冲击,特别是电子计算机在数控机床上的应用,如1974

年，美国的数控机床比重为 24.8%，日本为 3%，1978 年，美国已上升到 30.8%，日本上升到 41.1%；20 世纪 80 年代，日本数控机床的比重已占各类机床总数的 50% 以上，而其中用微机控制的数控机床约占数控机床的 50%，目前仍在上升，在这种大背景下，原"机械工艺与设备专业"发生变革，1983 年合肥工业大学成立机械电子工程系，是国内最早从事机电一体化教学与科研的单位之一，1984 年开办机械电子工程本科专业，1996 年机械电子工程专业获硕士学位授予权，2000 年获博士学位授予权。其办学特色为"以机为主、机电结合，理论与实践紧密联系"。

1990 年，经工业部批准，西北轻工学院成立机械电子工程专业，并于 1991 年面向全国招生，主要是机械技术、电子技术在轻工行业的应用，主修课程机械电子技术、自动机械设计、控制元件与系统等。

1993 年江苏大学创建机电一体化专业，1995 年 9 月，中国科学技术大学发布了"机械电子工程专业教学计划"，1997 年，常州大学试办机电一体化专业方向。据统计，全国高等院校共设置了 1 559 个机械类专业，在机械类专业所包含的专业中，2017 年机械电子工程开始认证，2017 年高三网上哈尔滨石油学院排名全国民办学校中第七。

全国招收机械电子工程专业研究生的学校有北京航空航天大学、北京理工大学、哈尔滨工业大学、湖南大学、华中科技大学、吉林大学、清华大学、上海交通大学、西安交通大学、西南交通大学、燕山大学、浙江大学、中南大学、重庆大学、国防科学技术大学、西北工业大学、上海大学等。

4.1.2　专业内涵

4.1.2.1　机电一体化技术的变革

早期的机电一体化技术主要以机械设备或装置为主体，实现机械设备的电气化。人们能够通过操作按钮来控制设备的运行，因而解放了一部分劳动力，使工厂环境变得更简洁。后期随着计算机技术的发展，机电一体化设备由"人控"转为"程控"，实现了自动化控制。在各种设备中，机电一体化技术被广泛应用，并出现在我们生活周边，如自动豆浆机、自动门、自动电梯等等。

在互联网技术高速发展的今天，机电一体化技术和互联网结合到了一起，德国的"工业 4.0"、美国的"工业互联网"、我国的"中国制造 2025"无一不与其相关。这种情况出现的原因就在于互联网提供了互联互通和信息融合的工具及技术，使机电一体化设备的功能出现了无限的可能性，因此像智能硬件之类的产品出现了井喷式的发展，并无时无刻不在触动着人们的神经。智能硬件中的大多数都是我们身边常见并解决人类需求的个人消费品。除互联网技术外，CPU 运算能力的发展和高度集成、语音与图像识别等人工智能技术的发展也为机电一体化的升级和变革提供了有力的支撑。

机电一体化技术涉及机械、传感器、控制器、驱动器及执行器的设计技术。其中机械设计中采用新材料、新工艺、新方法，如采用碳纤维材料、各种 3D 打印制造工艺、3D 建模设计和有限元分析等，使机械设计过程变得简单快捷，样机研发成本降低，构型更具有想象力，产品质量更精准可靠。在传感器方面，随着微机电系统（MEMS）技术的发展和微处理器在传感器上的应用，软件矫正补偿技术正逐步提高传感器的性能，降低功耗和缩小体积。同时也是处理器技术的发展推动了控制器、驱动器的发展，小型化的强大嵌入式处理系统在大大小小的系统中得到了广泛的应用，当前机械电子工程越来越多地体现融合，如图4-2所示。

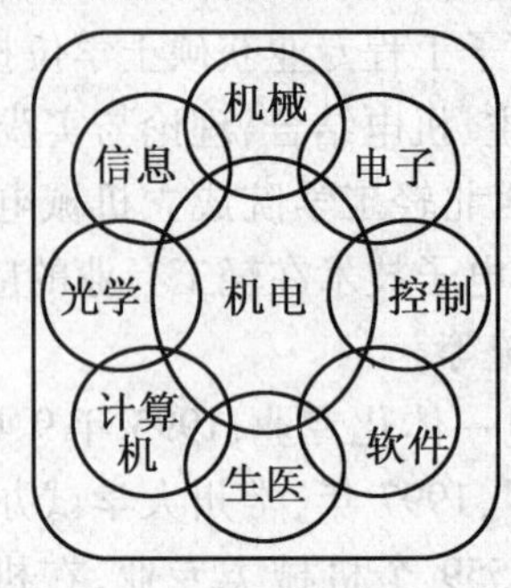

图4-2　新工科背景下机械电子工程涵盖领域

4.1.2.2　**机电一体化产品**

机电一体化产品就是采用机电一体化技术研发制造的产品，主要是在机械产品的基础上附加自动化、信息化、智能化的元素。机电一体化技术即结合机械技术和电子技术于一体。随着计算机技术的迅猛发展和广泛应用，机电一体化技术获得前所未有的发展，成为一门综合计算机与信息技术、自动控制技术、传感检测技术、伺服传动技术和机械技术等学科并交叉发展的系统技术。随着嵌入式计算机的高度发展，具有移动计算能力的芯片体积越来越小巧，成本越来越低廉，功能越来越强大，电子技术正在飞速地改变传统机械的面貌，在国防、工业、医疗和消费类电子等各个领域，对机械系统产生深远的甚至是革命性的影响。

智能硬件是机电一体化技术发展到现阶段出现的典型应用，其通过软硬件结合的方式，对传统设备进行改造，进而让其拥有智能化的功能。得益于低成本强运算能力的芯片，以及各种传感器，传统机电设备智能化之后，甚至具备连接的能力，实现互联网服务的加载，形成“云+端”的典型架构，于是智能硬件的机电设备出现了各种新创意，激发了人们的购买欲望。改造的对象除了电子设备，例如手表、电视和电灯，也有以前纯机械的设备，例如门锁、自行车。智能硬件已经从可穿戴设备延伸到智能电视、智能家居、智能汽车、智能医疗、智能玩具、机器人等领域。比较典型的智能硬件包括麦开水杯、Ninebot两轮平衡车、小牛电动车等。

麦开水杯（图4-3）可以在手机App上输入用户的身高、体重，进而测算推荐每天的饮水量，并且实现饮水的提醒。

Ninebot两轮平衡车和Ninebot One独轮车（图4-4）可以上传用户的累计行驶里程，并且为用户显示其在全世界范围内的排名情况，Ninebot One最厉害的玩家目前已经行驶了8 000 km以上。

图4－3　麦开水杯

图4－4　Ninebot 平衡车及独轮车

小牛电动车(图4－5)拥有“活塞液压双碟刹＋EBS(电子刹车)＋动能回收”系统,锰钢碟刹车片配合前220 mm后180 mm的液压刹车卡钳,主打制动性能,在全天候各种路况下都有良好的适应性。“双碟刹＋EBS”系统,20 km/h的速度下制动距离仅1.37 m,相比传统的无EBS鼓式刹车系统,缩短了21%。

此外,小牛电动车并没有迎合这个时代,“为了智能化而智能化”,而是选择先集中突破电动车的防盗痛点:封闭集成GPS模块,随时追踪车辆位置,并且第一年流量免费。

用户可以通过APP的远程控制来实现对车辆的管控,APP集成了包括车况检测、位置记录、报警提示、综合信息显示四大功能。在手机上可以进行整车情况检测,看到剩余电量信息、天气信息、附近维修点地理信息,自动获得充电提醒、电池提出报警、非法位移提醒,查询到车辆行驶轨迹记录,以及进行社区线上交流。

世界因为互联计算变得更加精彩,而传统机电设备因为获得智能而焕发生机,不断涌现出拥有众多粉丝的“耀眼明星”。下面我们将介绍几款非常优秀的机器人产品,它们已经在各自的领域发挥着举足轻重的作用,并不断地挑战着新高度。

传统装甲运兵车(图4－6)可以在野战道路上输送人员和装备,但是却无法支援山区、丛林和前沿阵地的步兵,但是随着“机—电—液”技术的发展,单位面积推力巨大的液压腿式机器人已经研发成功,即将成为紧跟步兵承载装备的“木牛流马”。

图4-5　小牛电动车

图4-6　传统装甲运兵车

大狗军用机器人(图4-7)由波士顿动力公司(Boston Dynamics)专门为美国军队研究设计,它不仅仅可以跋山涉水,还可以承载较重的货物,而且这种机械狗比人类都跑得快。大狗机器人可根据环境的变化调整行进步态,被称为“当前世界上最先进的适应崎岖地形的机器人”,它不但能够行走和奔跑,而且还可跨越一定高度的障碍物。该机器人装备一部输出液压动力的汽油发动机,四条腿完全模仿动物的四肢设计,内部安装有特制的减震装置。机器人的长度为1 m,高70 cm,质量为75 kg,行进速度可达到7 km/h,能够攀越35°的斜坡。它可携带质量超过150 kg的武器和其他物资,具有很强的野战实用性。

大狗机器人的内部安装有一台计算机,可根据环境的变化调整行进姿态。而大量的传感器则能够保障操作人员实时地跟踪“大狗”的位置并监测其系统状况。据称,大狗机器人能够获得成功是由于采用了战斗机上采用的数字液压伺服系统,这种系统每平方厘米上能产生160~250 kg的液压力,当然也离不开先进的控制芯片和军用数据总线,使得机器腿能做出快速精准的调整。相比之下,传统步兵车辆运动系统的控制功能单一,仅在自动变速箱中有微计算机,有一些车辆甚至还在使用手动变速箱。

2013年12月14日,谷歌公司证实已收购机器人制造商波士顿动力公司,鉴于波士顿动力公司与美国军方合作紧密,谷歌公司表示,自己不准备成为军事承包商,而已付款的军事合同将会如约完成。

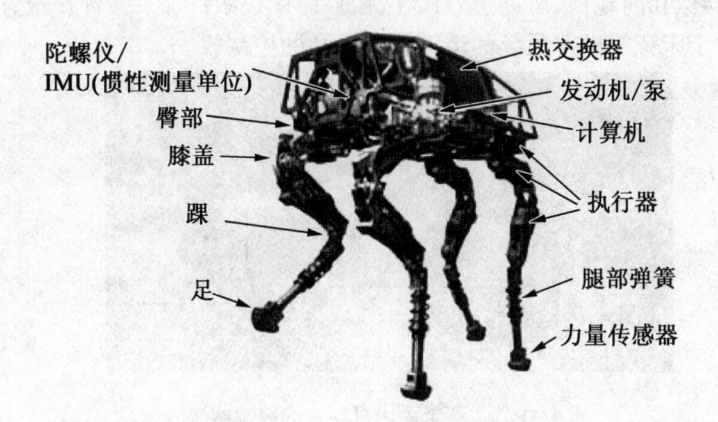

图4-7　大狗军用机器人结构图

传统外科手术受限于医生的视野,必须要使用传统的外科手术器械(图4-8)在人体上打开足够大的口子,才能让外科医生看见里面的情况,从而开展手术,特别是胸腔和腹腔手术,往往令人想起"开膛破肚"的血腥场面,使用这种手术方法,患者是痛苦的,外科医生的压力也是巨大的。

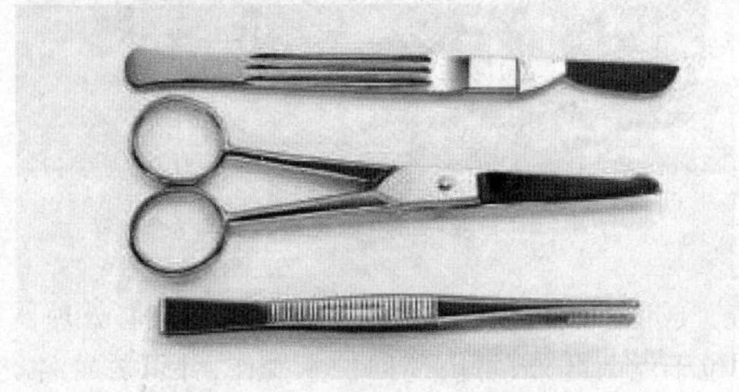

图4-8　传统外科手术器械

现在,最先进的微创手术机器人,已经利用机器人技术,实现了机器人的眼睛代替人眼进入腹腔、胸腔里看,机器人的微型机械手代替人手进入人体实施手术,而只需要在患者手术部位附近打几个小孔,这种微创手术机器人系统就是达芬奇外科手术系统。

达芬奇外科手术系统是一种高级机器人平台,其设计的理念是通过使用微创的方法,实施复杂的外科手术(图4-9)。达芬奇机器人由三部分组成:外科医生控制台、床旁机械臂系统、成像系统(图4-10)。

(1)外科医生控制台。主刀医生坐在控制台中,位于手术室无菌区之外,使用双手(通过操作两个主控制器)及脚(通过脚踏板)来控制器械和一个三维高清内窥镜。手术器械尖端与外科医生的双手同步运动。

(2)床旁机械臂系统。床旁机械臂系统是外科手术机器人的操作部件,其主要功能是为器械臂和摄像臂提供支撑。助手医生在无菌区内的床旁机械臂系统边工

作，负责更换器械和内窥镜，协助主刀医生完成手术。为了确保患者安全，助手医生比主刀医生对于床旁机械臂系统的运动具有更高的控制权。

图4－9　达芬奇手术机器人的前端器械

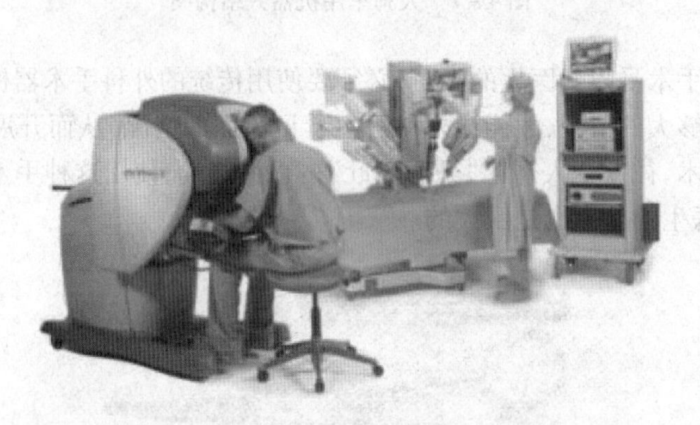

图4－10　达芬奇手术机器人完整系统

(3)成像系统。成像系统内装有外科手术机器人的核心处理器以及图像处理设备，在手术过程中位于无菌区外，可由巡回护士操作，并可放置各类辅助手术设备。外科手术机器人的内窥镜为高分辨率三维镜头，对手术视野具有10倍以上的放大倍数，能为主刀医生带来患者体腔内三维立体高清影像，使主刀医生较普通腹腔镜手术更能把握操作距离，更能辨认解剖结构，提升了手术精确度。

机器人技术的介入，使手术器械能以不同角度在手术部位操作，能够在有限狭窄空间工作，使得主刀医生在轻松的工作环境中工作，减少疲劳，提高精确度，从而使手术更完美。

传统的航空模型运动(图4－11)是一种锻炼动手制作能力、操纵感觉与反应，兼有传播空气动力学知识功能的体育运动。

随着机电控制技术和无人机技术的进步，航空模型已经最先进入了“无人机＋”时代，也就是无人机技术极大地改变了航空模型的产品形态、玩法和体验。以我国最大的航拍无人机出口产品——大疆“精灵3”无人机(图4－12)为例，在一台1 300 g左右的“精灵”四旋翼航拍无人机身上，集成了至少9颗嵌入式计算机芯片。它们在以下几方面发挥作用：

图4－11　传统的航空模型运动

(1)摄像头处理计算机,主要用于CCD(电荷耦合器件)感光器件成像后的编码压缩处理等;

(2)三轴云台控制计算机,它通过获取摄像头后面的陀螺仪、姿态传感器信息,驱动三轴无刷电机实现飞行中摄像头的稳定;

(3)导航计算机,通过获取磁场、GPS、加速度计和陀螺的数据,分析计算机体的位置、速度、角速度和航向等导航信息;

(4)飞行控制计算机,它根据导航计算机的导航数据,给四个驱动螺旋桨的无刷电机发出复杂的调整指令,从而实现悬停、抗风、机动飞行等复杂动作;

(5)无刷电机驱动微处理器,它感知电机转子的相位,以400 Hz的频率控制电机的转速,从而实现升力的变化;

(6)智能电池管理芯片,它采集每一片锂电池的电压和电流,从而估算容量,对电池进行保护。

图4－12　大疆“精灵”无人机

传统的航空模型内部几乎没有高性能的处理器,因此飞行水平主要靠操纵者的训练和现场反应。而航拍无人机上的9枚嵌入式计算机,其平均运算能力要远高于早期的苹果个人台式计算机,从而大大降低了飞行器的控制难度,既可以兼顾飞行,还能够完成空中拍摄,同时还有微计算机监管电池安全。这些极大的进步,已经大大拓展了民用无人机的市场,实现了增量创新。

4.1.2.3 机电一体化发展趋势

1. 设计制造趋向绿色、全面

由过去单纯地考虑正常使用的设计而不考虑生产前后产生的问题、不考虑对环境的影响延伸到考虑建造、生产、使用、维修、废弃、回收和再利用在内的全生命周期的综合决策。

由于系统的复杂性,牵一发而动全身,因此全面考虑生产环节也对设计者提出了更高要求。这是一种全局观念,也体现了可持续发展的战略思想。可持续发展的战略思想渗透到工程科学的多个方面,表现了人类社会与自然相协调发展的趋势。

2. 学科深度融合,趋向智能控制

工程科学的研究尺度向两极延伸,以及广泛的学科交叉、融合,推动了工程科学不断深入、不断精细化,同时也提出了更高的前沿科学问题,尤其是计算机科学和信息技术的发展冲击着每个工程科学领域,影响着学科的基础格局。当今,自动化、智能化已经广泛运用于工程学的方方面面。

智能控制是一门新兴的、多学科交叉的理论和技术,著名美籍华人学者傅京孙于1971年首先提出它是人工智能和控制论的交叉,又有美国学者在此基础上加入了运筹学,即智能控制是人工智能、控制论和运筹学的交叉,如果把对目标的规划、协调和管理也视为一种智能活动,那么两者是一致的。人工智能主要包括专家系统、模糊理论和神经网络;控制论主要指古典控制和现代控制;运筹学主要涉及定量优化方法。

目前很多学者在两个方面展开了研究:一是智能方法之间的结合;二是智能控制与传统控制的结合。如模糊逻辑与神经网络技术,利用神经网络的自学习自适应功能,为模糊控制提供控制规则,而利用模糊控制具有仿人决策推理能力完成对目标的控制,两者相得益彰,使功能进一步加强。智能方法与传统方法的结合,能取长补短,形成更大的优势。

3. 产品趋于模块化、多样化

过程设备就是按照单元的组合而实现功能的,模块化思想则是组建更大的"单元",每个模块既可以作为一个单独的设备运行,也可以进行拼接耦合,从而形成复杂的系统。产品的个性化、多样化和标准化已经成为工程领域竞争力的标志,要求产品更精细、灵巧并满足特殊的功能要求,产品创新和功能扩展强化是工程科学研究的首要目标,模块化就是用来解决这个问题。由此,柔性制造和快速重组技术在大流程工业中也得到了重视。

4.2 课程体系

机械电子的工程师必须对专业有全面和系统的认识,并且与机械制造、电子工程和计算机科学领域的专家合作。与这些专家不同的是,机械电子的工程师应该具有通才的素质,对项目和问题有决策和协调的能力。如前所述,本专业由三个学科的内容交叉而成，课程的设置也是如此，包括了上述三个传统专业的课程。机械电子专业可细分为机械电子系统（传动和模拟技术，机器和设备，机械人技术及其运动系统，传感和执行元件技术，测量技术和图像处理等），微型、超微型机械（微系统技术，微型和精密仪器的功能组，微系统的测量技术等）和生物机械（机器人技术，生物系统，仿生执行技术，控制和设计，控制系统等）。不同大学的专业设置不一样，取决于专业的具体方向和培养重点的不同。归纳地说，机械电子工程涵盖以下七个方面的核心技术。

1. 机械技术

作为机械电子工程的支撑学科与关键技术，机械制造技术是其最为重要的影响元素。可以说，它是一个载体或“母体”。机械电子工程可看作是多种技术向机械技术渗透的结果。但是，机械电子产品及系统的设计思维、设计理念、设计方法与机械制造技术有很大区别。所以，对于机电行业人员来说，从传统的机械思维模式向机电思维模式的转变是尤为重要的。

2. 电子技术

电子技术根据系统要求，应用电子学理论，运用电子器件与机械元件，采用某种控制策略，设计和制造出满足需求并实现特定功能的电路或电子系统，从而投入到机械电子系统或产品之中。

3. 自动控制技术

当代的自动控制技术应用于生产、生活、军事、管理、教育等各个领域。自动控制技术就好比一颗粒子，附到某种物质上，它就具有某种物质特定的性质。在机械电子工程中，自动控制技术是控制理论的实践应用，其通过系统已存在的硬件设备和软件系统，结合多种技术，选择控制方式来完成某种控制任务，保证某个过程按照预想进行，或者实现某个预设的目标。

4. 检测传感技术

检测是指在各类生产、科研、实验等领域，为及时获得被测、被控对象的有关信息而实时地对一些参量进行定性检查和定量测量。检测传感技术的日益发展提升了机械电子工程的智能化水平，它的精度将直接影响系统的响应特性。

5. 信息处理技术

为了更进一步地发展机械电子工程，必须提高信息处理设备的可靠性、加快处理速度，并解决抗干扰及标准化问题。

6. 伺服驱动技术

要实现机械电子工程全面、高速、准确地发展，毋庸置疑，伺服驱动技术具有很重要的地位。近年来，随着工业自动化的飞速发展，伺服驱动技术也在朝着变频化和交流化迈进。伺服驱动技术直接决定了机电系统的准确性、快速性以及灵活性。

7. 系统总体技术

系统总体技术是一种运用宏观方法和思路，从整体目标出发，对系统总体进行研究的综合应用技术。系统总体技术加强了机械电子系统的宏观性，增加了机电产品的稳定性。2012 年国家专业目录里面强调，机械电子工程主干学科包括机械工程和控制科学与工程；主干课程包括机械制图、理论力学、材料力学、机械设计基础、机械制造基础、电路原理、工程电子技术、控制理论与技术、传感与检测技术、可编程控制器及应用、机电系统设计、液压与气压传动等；主要实践环节包括金工实习、机械设计基础课程设计、机械制造基础课程设计、可编程控制器及应用课程设计、液压与气压传动课程设计、生产实习、机电综合实训、专业综合实习、毕业设计等。

现将我校2017级培养方案中学科专业基础课(含必修课、限选课)的课程名称、学时分配以及学期、周数、周学时数列于表4－1；专业课中的必修课的课程名称、学时分配以及学期、周数、周学时数列于表4－2；限选课和任选课见表4－2。

表4－1　我校培养方案学科专业基础课及分布

课程类别	课程性质	课程代码	课程名称	学分、学时分配			
				总学分	总学时	讲课学时	实践学时
学科专业基础课	必修课	08020100	机械制图	5.5	96	96	
		08020120	机械工程专业导论	1	20	20	
		08050010	机械工程材料	2	32	28	4
		08050020	金属工艺学	2	36	34	2
		08020110	计算机绘图	1.5	24	12	12
		08020130	理论力学	3	52	52	
		08020140	材料力学	3.5	60	52	8
		08020150	机械原理	3.5	60	50	10
		08020171	机械设计	3.5	66	58	8
		03020980	电路原理	2	36	32	4
		03020910	工程电子技术	4	80	74	6
		08040010	机械工程控制基础	2.5	48	44	4
		08040050	单片机原理及应用	2	36	30	6
	限选课	08020161	机械精度设计与检测基础	1.5	30	24	6
		08040030	数控原理与结构	2.5	48	32	16
		08020190	计算机三维设计	2	32	16	16
		08040040	自动化元件	2	32	32	
		08020600	技术经济分析	2	32	32	
		至少选6学分		6	110	72	38

表4-2 我校培养方案专业必修课及分布

课程类别	课程性质	课程代码	课程名称	学分、学时分配			
				总学分	总学时	讲课学时	实践学时
专业课	必修课	08020211	机械制造技术	3	55	49	6
		08040410	液压气压传动与控制	2.5	48	42	6
		08040060	可编程控制器及应用	2	36	18	18
		08040070	传感与检测技术	2.5	48	44	4
		08040080	机电一体化系统设计	2	32	28	4
			小计	12	219	181	38
	限选课	08040111	数控工艺与编程	2	36	18	18
		08040130	机电传动与控制	2	36	28	8
		08040160	计算机控制技术	2	36	30	6
		08040170	集散控制系统	2	36	30	6
		08040150	现代控制理论	2	36	32	4
		08040180	专业外语	2	32	32	
	任选课	08040430	机电系统有限元分析	2	32	32	
		08040320	微机电系统设计与制造	2	32	28	4
		08040330	电机控制与拖动	2	32	32	
		08040340	机电系统动力学仿真	2	32	32	
		08040350	电子线路CAD设计	2	32	12	20
		08020450	石油钻采机械	2	32	32	
		08040190	钻采仪表与控制	2	32	28	4
		08050240	快速成型及3D打印技术	2	32	12	20
		08040300	机器人视觉测量与控制	2	32	32	
		08040310	机器人原理及应用	2	32	32	
		08040360	人工智能技术	2	32	32	

4.3 培养目标及就业情况

4.3.1 培养目标

培养德智体美全面发展,适应经济社会发展需要,掌握机械电子工程专业的基础理论和基本知识,具备机电产品设计、制造、设备控制及生产管理等方面的基本能力,具有社会责任感、创新创业精神、实践能力和务实作风的高素质应用型一线机电行业高级工程技术人才。

毕业生能在机电产品设计与制造、工业自动化及智能制造等技术领域的中、外资企事业等各单位的基层部门从事涉及机械电子专业的实际工作。

4.3.2 专业人才培养规格

本专业学生主要学习机械工程、电子工程、控制工程等方面的相关基础理论、机械电子工程专业的基本知识和专业技能，接受现代机械工程师的基本训练，具有对机电产品设计、开发、设备调试、维护的基本能力。

毕业生应获得以下几点知识和能力：

(1)具有本专业所需的数学与自然科学、人文社会科学基础，具有较强的社会责任感和职业道德；

(2)掌握机械、电子及计算机等相关方面的基本理论和机电产品设计制造的基本知识，熟悉相关规范标准，具有对机电产品进行设计、研发的基本能力；

(3)掌握机电一体化系统设计与运行、控制与检测的基本原理，具有机电系统的设计、控制运行与维护管理的基本能力。

(4)掌握文献检索查询、技术交流、获取信息的基本方法，了解机电工程技术发展前沿动态，具有一定的科学研究和实际工作能力。

培养德智体美全面发展，适应经济社会发展需要，掌握机械电子工程专业的基础理论和基本知识，具备机电产品设计、制造、设备控制及生产管理等方面的基本能力，具有社会责任感、创新创业精神、实践能力和务实作风的高素质应用型一线机电行业高级工程技术人才。

4.3.3 就业情况

机械电子工程专业学生毕业后可从事机电设备系统及元件的研究、设计、开发，机电设备的运行管理与营销等工作。

毕业后主要在电子技术、新能源、机械等行业工作，大致如下：

(1)电子技术/半导体/集成电路；

(2)新能源；

(3)机械/设备/重工；

(4)仪器仪表/工业自动化；

(5)汽车及零配件；

(6)计算机软件；

(7)专业服务(咨询、人力资源、财会)；

(8)互联网/电子商务。

毕业后主要从事机械工程师、销售工程师、结构工程师、设备工程师、售后工程师、电子工程师、质量工程师、工艺工程师等工作，大致如下：

毕业后，深圳、上海、东莞、北京、广州、苏州、厦门、杭州等城市就业机会比较多，我校针对机械电子工程专业分别与苏州博众精工科技有限公司、哈尔滨博实自动化有限公司签订校企合作协议。

机械电子工程专业注重工程实践能力与综合能力的培养,专业口径宽、适应性强。机械电子的工程师可在机械和设备制造、电子工程和电子工业等重要领域担任职务,就职于需要使用汽车和航空制造技术、自动化技术、机器人技术、微型和精密仪器技术、印刷和媒体技术、音频视频技术、医疗技术的企业。机械电子广泛应用于例如感应机器人、自控机床设备、医疗微型器械以及现代化轿车的传动机构。

机械电子的工程师可承担创新、设计、装配、制造、生产和调试的工作,以及系统规划、方案设计、前期工作、质量控制、销售、客户服务、使用培训、咨询和售后服务的职责。

机械电子工程专业自建立以来,就业良好,中国2007级大学毕业生求职与工作能力调查指出,机械电子工程本科生就业率达到100%,如图4-13中所示。哈尔滨石油学院2013年开始招生,2017年毕业生就业率100%,2017年毕业生薪酬统计,机械电子工程专业薪资约为6 010元/月。

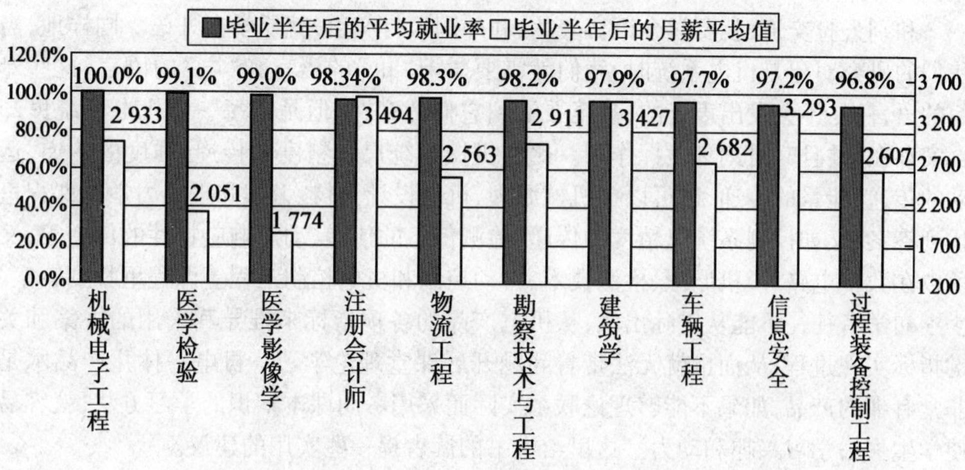

图4-13　2007级10个最好的本科就业专业

4.3.4　考研深造

机械电子工程是机械工程下的一个二级学科，本专业向学生传授机械、电工电子、计算机应用、机械设计、制造、自动化等方面的知识,并对学生进行机械设计制造及自动化方面的综合训练,要求学生掌握机电产品的设计和制造,机电一体化设备(系统)调试、检测和维护,现场生产过程组织、协调和管理的能力。

机械电子工程专业研究生方向不限于01.机器人技术及应用研究;02.工厂自动化及应用工程研究;03.基于精密技术的微机电系统研究;04.机电一体化装置与工程研究;05.检测与传感技术;06.机械振动分析及智能控制;07.计算机图像和虚拟现实技术;08.机电与流体智能测控技术。

由于机械电子专业的学科交叉性,学生也可选择报考机械设计制造及其自动化、控制科学与工程以及电子类等相关专业的研究生,我校机电专业2013级毕业生44

名毕业生中 4 人考取硕士研究生。

4.3.5 国际合作

机械电子工程专业为一个交叉融合的专业，可以到国外攻读相关电子工程专业，EE 或者 ECE，即电子系、自动化系、电机系的集合体，也可继续攻读机械类 ME 下面涵盖的几大类，如能量大类，主要涉及的学科有：能量、摩擦、燃烧、流体这几大类；材料大类，主要涉及机械领域内的纳米微米材料、聚合工程、生物机械制造，主要包括设计和制造两大方向；控制类，包括计算机辅助工程、系统与自动控制、微电子系统等。

2016 级机械电子工程专业的 2 名学生分别在大一期间赴美交流，其中一名学生赴美国西密歇根大学流体小组访学交流三个月。

4.4 机电工程师要掌握的技能

和别人打交道，就要学会语言表达，和外国人打交道，就要学会外语。同样地，当我们的研究对象是机电系统时，我们就需要学习“机”的语言和“电”的语言，这些专门的语言，是不会发出声音的，甚至看不到它们的存在，但是在每一个机电系统里却真实存在，并且时时刻刻发挥作用。比如机械系统尺寸精度的传递、强度的传递、运动的传递、能量的传递，都可以在机械原理、机械设计、材料力学和理论力学等课程里找到答案；又如控制系统里精度的传递、检测信息的传递、动态响应特性的传递等，又可以在数字电路、微机原理、检测技术、自动控制和机电控制工程等课程里找到答案。

初学者往往不能从实际出发，从机电产品的各项指标来推导其采用的方案和关键指标实现过程，从而也就无法带着问题开展课堂理论学习。机电一体化产品本是非常有趣的产品，如果不能够理论联系实际而采用考问课本知识的学习方法，就容易使学生失去学习兴趣和动力。这里给本书的读者提一些实用的建议。

4.4.1 扎实掌握一些机械装置的设计方法

作为一名优秀的机电工程师，首先要知道机械工程是站在前人肩膀上缓慢前进的一门学科，每一次原理或者结构上的重大创新、发明，都会带来翻天覆地的变化和商机。对于初学者来说，最好的方法就是针对具体的案例进行横向类比，引发思考、调研，从而迅速地扩充自己的认知。简单来讲，机械结构里优秀的设计太多了，只有比较再比较，才会发现其中的奥妙，才会联系课本知识，提高自己的理论运用水平。

比如，高速列车的电力牵引系统和数控机床的一个数控轴，同样都是一维的伺服控制系统，它们的机械结构有何异同呢？表 4－3 列出了比较学习的要点。

表4－3　机电系统的比较学习

机电系统名称	关键特色指标	主要机械结构	主要指标的检测传感器	定位精度要求	承载能力	共同点
高速列车的电力牵引系统	大功率点位控制（加速和制动）	轮轨机构	霍尔位置传感器、车轮速度传感器	0.1 m 量级	几十到几百吨	牛顿第二定律，刚体动力学
数控机床的一个数控轴	低速高精度的速度和位置控制（插补运动）	丝杠导轨机构	光电码盘、光栅尺、霍尔位置传感器	1 μm 量级	几十到几百千克	

4.4.2　熟练掌握一门和硬件打交道的语言

我们要知道，机器是不长嘴巴的，绝对不是靠声音来传递情报和下达命令。为此，人类发明了二进制，从而可以用晶体管的“0”和“1”两个状态来表达信息，进而就有了数字电路里的十六进制和“字节”的概念。尽管现在有了32位、64位的计算机，但是我们在用数字表达整个世界的时候，仍然是以8位二进制数组成的字节为基础。为了基于字节来表达世界，沟通机器和人类，就有了很多的翻译。例如，计算机和英文之间的编码叫作ASCⅡ编码，大写字母“A”的编码是十进制的65；而古老的汉字要走进计算机里，就有了GB 2312—1980字符集，即国家标准字符集，这个字符集收入汉字6 763个，符号682个，总计7 445个字符，这是中国大陆普遍使用的简体字字符集，楷体_GB2312、仿宋_GB2312、华文行楷等绝大多数字体支持显示这个字符集，它也是大多数输入法所采用的字符集。

机器能听懂的话太少了，所以我们必须把复杂的事情分解为很简单的程序，这样就有了编程的语言，从最早的晦涩的汇编语言，到现在个人计算机和嵌入式计算机普遍流行的C语言，再到图形化的高级语言，这些都是人类自然语言和计算机之间的翻译。

一个优秀的机电工程师，必须理解从人类自然语言到字符再到二进制信号的传递过程，以及最后在不同的总线之间转换，向下一个机器传递的过程。

4.4.3　保持对新器件新技术的好奇心

一个好的时装设计师会把新的布料和最新的时尚元素、文化创意加入他的作品当中。同理，一个“时髦”的机电工程师，或者所谓“创客”，他们总是在最新的芯片、传感器、新的算法或者高性能的机械零部件上寻找商业机会。谁最先发现并且验证了“时髦”的组合，谁就有可能取得成功。著名的特斯拉电动汽车就是一个很好的例子，特斯拉汽车的成功，并不是汽车业的成功，从技术上来看，它是电池的成功。

1996年末，通用汽车研发出EV1，并作为第一款量产电动汽车投放市场，这款车其貌不扬，续航里程 140 km，由于投入与产出比不高，在生产了 2 000 多辆之后，通用汽车于 2002 年宣布放弃，此事让通用汽车背上了骂名。事后，参与 EV1 项目的工程师艾尔·科科尼（Al Cocconi）在加州创建了一家电动汽车公司 AC Propulsion，并生产出仅供一人使用的铅酸电池车 T－Zero。

AC Propulsion 公司的经营陷入困境时，一名来自硅谷的叫作马丁·艾伯哈德（Martin Eberhard）的工程师为之投资了 15 万美元。作为交换，他希望科科尼尝试用数千块锂电池作为 T－Zero 的动力。换用锂电池后，T－Zero 行驶里程超过了 480 km。马丁·艾伯哈德在寻找创业投资时发现，美国很多停放超级跑车的私家车道上经常还会出现些丰田混合动力汽车普锐斯（Toyota Prius）的身影。他认为，这些人不是为了省油才买普锐斯，普锐斯只是这群人表达对环境问题不满的方式。于是，他有了将跑车和新能源结合的想法，而客户群就是这群有环保意识的高收入人士和社会名流。

2003 年 7 月 1 日，马丁·艾伯哈德在美国加州的硅谷成立了特斯拉汽车公司，并得到了大富豪埃隆·马斯克的投资，很快成功研发出行驶里程达到 480 km 的 T－Zero 原型车。特斯拉电动车引以为傲的续航能力，来自由 7 000 多颗电池组成的电池包，即使短路也不会着火，个别电池损坏不会影响其他电池。

在这样一个成功的创业故事里，我们可以看到马丁·艾伯哈德对新器件的敏感性和对汽车行业本质的认识，这才是他战胜通用、丰田，取得电动车成功的原因。首先，他认识到电动机的爆发力和功率密度大于内燃机，更适合作为跑车的动力，同时跑车较高的价格定位足以抵消电池带来的成本增加；其次，他认识到笔记本电池具有最大化的质量比能量，而分布式电池管理是一个需要尝试但是风险不大的技术。有了技术和产品定位上契合的方案，马丁·艾伯哈德第一个让纯电动汽车得到了世界人民的认可。

习　题

1. 简要介绍机械电子工程的概念。
2. 机电一体化产品都有什么？
3. 机械电子工程专业的主干课程都有什么？
4. 如何成为一名机电工程师？

第 5 章

工业设计

工业产品与人们的生活和工作息息相关,也影响着人类文明的进程及人类与大自然间的和谐关系。优秀的产品,源于在设计中艺术与工程的完美融合。每一个现代人的物质与精神生活,都随着产品的创新而改变提升;每一个企业的市场竞争力,离不开高品质产品的维系;每一个国家经济的繁荣发展,更需要出类拔萃的产品群来支撑。我国的工业设计本科教育经历 20 多年的发展,正逐步走向成熟、稳定。在倡导制造业向创新型转变的今天,工业设计对于产品创新的重要作用日益明显,得到了普遍的认同。

5.1 专业简介

工业设计是一个新兴的、综合性的应用型专业,是以工业产品为主要对象,综合运用科技成果和工学、美学、心理学、经济学等知识,对产品的功能、结构、形态及包装等进行整合优化的创新活动。批量生产的工业产品,都属于工业设计的范畴,是技术、艺术与文化转化为生产力的核心环节,是现代服务业的重要组成部分;其主体是产品设计,其灵魂在于创新。

5.1.1 工业设计的分类

工业设计狭义定义为产品设计,目前产品设计的分类颇多,按设计目的分为:式样设计、方式设计、概念设计。

5.1.1.1 式样设计

式样设计是短期、折中过渡的一种设计形式。它是在现有技术设备、生产条件和产品概念基础上,研究产品的使用情况,如使用操作的安全可靠性、人机界面的舒适性;研究现有生产技术和材料、新材料和加工工艺;研究消费者及消费市场,来设计新的产品款式,或对旧有的产品进行改进。如图 5-1、图 5-2 所示。

5.1.1.2 方式设计

方式设计的目标往往不在产品上,而是关注于那些改变人们生活方式的设计活动。例如方便拔插,并带有可以提示插座是否有电的环形提示灯的插头设计。如图

5－3 所示。

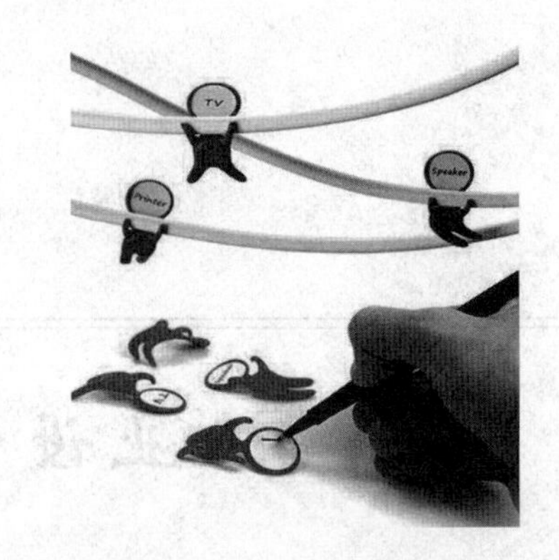

图 5－1　情感化产品设计

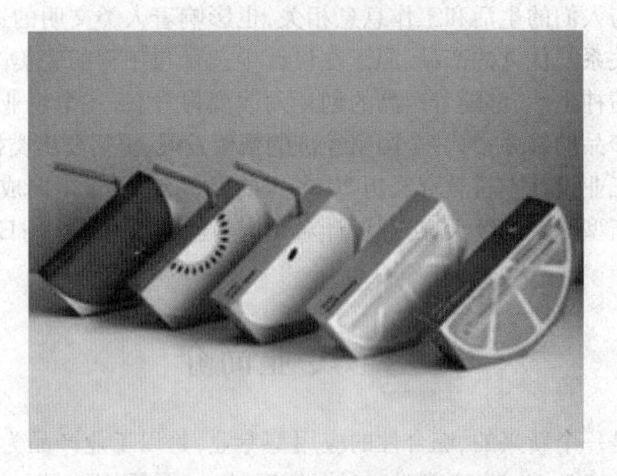

图 5－2　不同味道的饮料包装盒设计

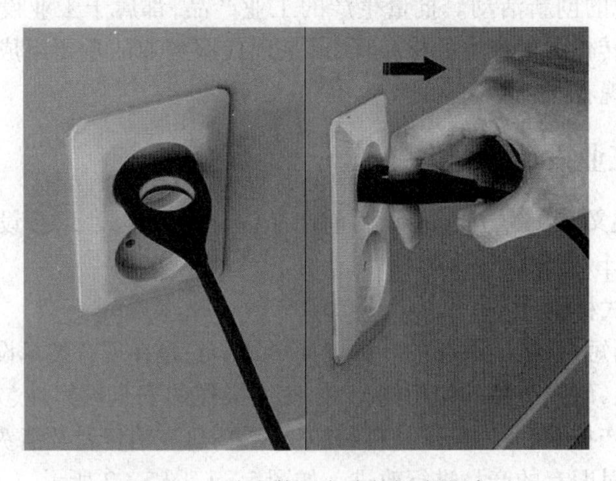

图 5－3　改变使用方式的插头设计

更改了合页方向的门锁设计，可以减少使用者受伤概率。如图 5－4 所示。

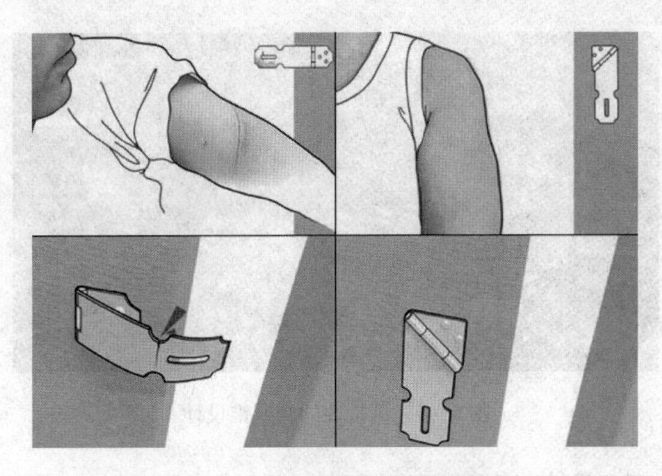

图 5 - 4　防止划伤的门锁设计

台湾设计师黄柯平(音,原文 Huang Ko Ping)的创意,带气球信号的救生衣(Signal Life Jacket)试图解决在海滩这样的地方发生溺水时快速标记溺水者位置的问题。简单地说,这款救生衣的背上带有氦气罐,紧急情况下拉动拉绳就能给气球充满气,于是咻的一下就能弹出,刺破天际,飘在离水面大概 20 m 的地方,让整个海滩的人都能知道有人溺水了。此外,气球与救生衣之间通过高强度尼龙绳连接,并自带 LED 警示灯,即便是夜间也清晰可见。这款能提升安全性的带气球信号的救生衣,是 2015 年工业设计大赛红点奖(Reddot Award)的获奖作品。如图 5 - 5 所示。

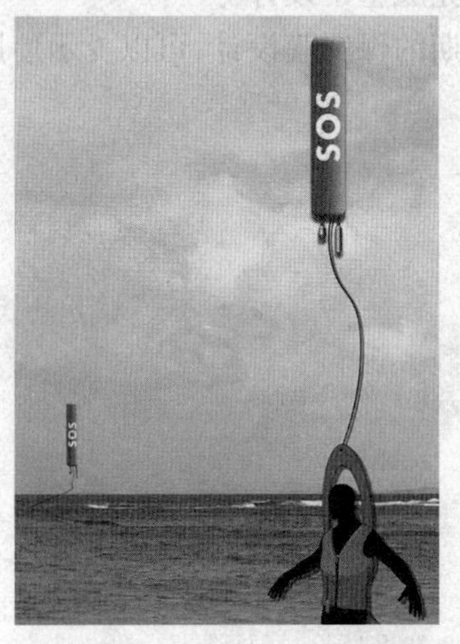

图 5 - 5　带气球信号的救生衣

另一设计是一组可折叠的交通锥,可以方便地放在一个储藏室,减少了建筑工人所需的劳动力。该交通锥为 2014 年工业设计大赛红点奖作品。如图 5 - 6 所示。

图 5-6 可折叠的交通锥设计

5.1.1.3 **概念设计**

概念设计，也称构思设计，是一种着眼于未来的开发性构思，从根本概念出发的设计。

概念设计是由分析用户需求到生成概念产品的一系列有序的、可组织的、有目标的设计活动，它表现为一个由粗到精、由模糊到清晰、由抽象到具体的不断进化的过程。

概念设计即是利用设计概念并以其为主线贯穿全部设计过程的设计方法。概念设计是完整而全面的设计过程，它通过设计概念将设计者繁复的感性和瞬间思维上升到统一的理性思维，从而完成整个设计。

例如，可以自动打印日期的保鲜膜设计，可以提示使用者封装食物的日期。如图 5-7 所示。

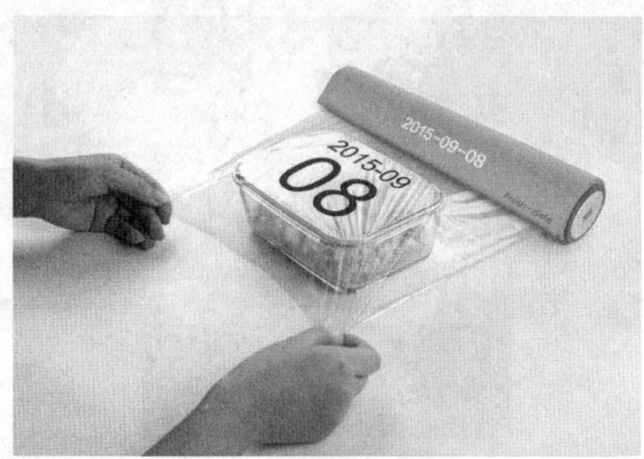

图 5-7 保鲜膜打印机设计

可以吸取实物颜色 PS 吸管工具，应用于电脑设计中。如图 5-8 所示。

图 5－8　实物 PS 吸管工具设计

5.1.2　专业历史

中国设计史从石器时代就已经开始。设计的萌芽阶段可以追溯到旧石器时代，原始人类制作石器时已有了明确的目的性和一定程度的标准化，人类的设计概念便由此萌发了。如图 5－9 所示。

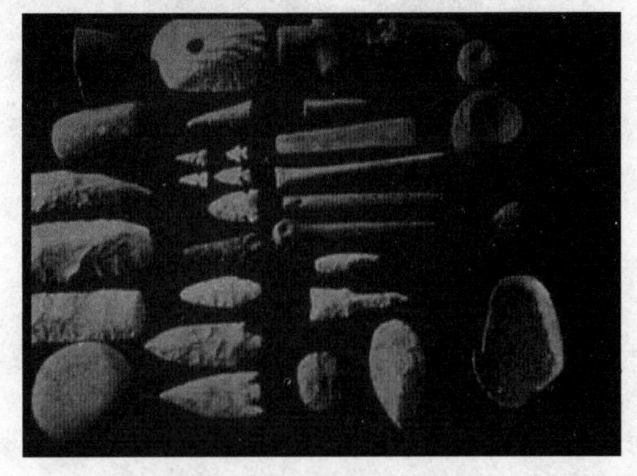

图 5－9　石器时代石器工具

到了新石器时期，陶器的发明标志着人类开始通过化学变化改变材料特性的创造性活动，也标志着人类手工艺设计阶段的开端。如图 5－10 所示。

图 5－10　陶器

到了工业革命时期,人类开始用机械大批量地生产各种产品,设计活动便进入了一个崭新的阶段——工业设计阶段。

工业革命后出现了机器生产、劳动分工和商业的发展,同时也促成了社会和文化的重大变化,这些对于此后的工业设计有着深刻影响。

一战后的1919年德国"包豪斯"成立,进一步从理论上、实践上和教育体制上推动了工业设计的发展。1900年以来,由于科学技术的发展,新产品不断涌现,传统的概念、传统的形式无法适应新的功能要求,而新的技术和材料则为实现新功能提供了可能性。1919年,德国格罗佩斯(Walter Gropius)创办包豪斯学校(Bauhaus),兴起了"包豪斯"学派,由马谢尔·布鲁耶(Marcel Breuer)领导的家具改革,开辟了家具设计新的一页,设计制造出了世界上第一张以标准件构成的钢管椅——瓦西里椅,首创了世界钢管椅的设计,突破了原有木质椅子的造型范围。如图5-11所示。

图5-11　世界上第一张以标准件构成的钢管椅——瓦西里椅

与此同时,以颂扬机器及其产品、强调几何构图为特征的未来主义、风格派和构成主义等现代艺术流派兴起,机器美学作为一种时代风格也应运而生。

现代设计是在欧洲发展起来的,但工业设计确立其在工业界的地位却是在美国。第二次世界大战后,美国工业设计的方法广泛影响了欧洲及其他地区。无论是欧洲老牌工业技术国家,还是在苏联、日本等新兴工业化的国家,工业设计都受到高度重视。日本在国际市场上竞争的成功,在很大程度上得益于对工业设计的关注。日本的工业设计由战后初期的模仿,发展到了目前具有自己特点的高水平,在世界上享有较高的声誉和地位。在印度、韩国等亚洲国家和地区,工业设计也深受重视。如图5-12所示为日本大师柳宗理设计的走入国际的经典案例。1957年"蝴蝶凳"获米兰三年展金奖,这也是日本工业产品设计第一次在国际设计界崭露头角。蝴蝶凳后来被选为MoMA、Vitra等设计博物馆永久藏品,是西方科技与亚洲文化完美结合的里程碑式的象征。

20世纪70年代末以来,工业设计在我国大陆开始受到重视。1987年中国工业设计协会成立,进一步促进了工业设计在我国的发展。现代工业设计在中国成为一种职业始于80年代初轻工业产品高速发展时期,当时中国轻工业产品在国外遭遇

"地摊货"待遇，因此引发了国内对工业设计概念的引进和发展，至今已经二三十年。如图5－13所示。

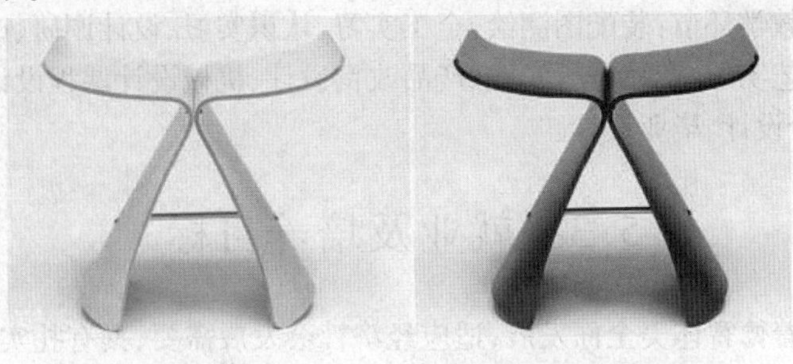

图5－12 柳宗理设计的蝴蝶椅

图5－13 工业设计博物馆

历经了中国轻工业行业、家电行业、通信行业发展的几个阶段，工业设计在企业中逐步形成了相对成熟的职业形态。

5.1.3 专业研究方向

工业设计是解决产品系统中人与物之间的关系，如家电使用中的操作提示、操作舒适性、色彩宜人性问题；又如交通工具的外观造型、驾驶安全性、乘坐舒适性问题；家具使用的舒适性、方便性、美观性问题；生活用品的外观造型、使用方便性问题等。产品设计师同美术家一样需要高水平的审美眼光和造型能力，但产品设计师与工程技术人员及美术家又有很大差别。他是为大多数人服务，要为社会公众所接受，因此产品设计师既要了解市场，又要懂得工程知识，使设计方案在解决人群需求的前提下，更便于合理生产。本专业按照学院确定的普通本科学校的办学定位，以产品设计、产品设计程序与方法、产品系统设计等理论为基础，以产品设计和视觉传达为专业发展方向。

5.2 主干课程

主干学科：机械工程、设计学、美术学。

主要课程：机械制图、工程力学、机械原理、机械设计、设计素描、工业设计史、设

计快速表现、模型制作、人机工程学、视觉传达设计、计算机辅助工业设计、产品专题设计、CIS 设计、设计材料加工与工艺。

主要实践教学环节：装配图测绘、金工实习、认识实习、设计调研、产品设计基础、设计实践与工艺实习、产品分析实践、产品改良设计、机械设计课程设计、计算机辅助设计、产品综合设计、毕业设计。

5.3 就业及培养目标

本专业本着德智体美全面发展，适应经济社会发展需要，具有扎实的工业设计基础理论，工业设计基础知识与应用能力、良好的设计表现和艺术造型技能、具有国际化视野和社会责任感、综合性的创新思维方式和团队合作精神的高素质应用型工业设计专业人才。学生毕业后能在企事业单位、专业设计部门、科研院所从事工业产品设计、视觉传达设计、艺术设计与制作等工作。

在技术和艺术高度统一的前提下，本专业强调工程技术知识与技能的学习和掌握，重视机械设计、结构设计、材料设计在产品设计中的应用和实现。本专业学生应具有应用造型设计原理处理各种产品的造型与色彩、形式与外观、结构与功能、结构与材料、外形与工艺、产品与人、产品与环境、产品与市场的关系，并将这些关系统一表现在产品的造型设计上的基本能力。

5.4 专业研究现状

近年来，从工业设计外协到建立企业级工业设计中心，从设计工作室到专业 design house，工业设计近年来在企业内外的发展可谓迅猛。如图 5－14 所示。

图 5－14　design house

从市场角度来看，近年来工业设计在手机设计和汽车设计领域所产生的影响尤其令人瞩目。随着韩国 design house 模式的引入和竞相拷贝，在国内巨大市场需求的带动下，国内手机设计业借助国际资本发力，德信的美国上市、明基收购西门子的事例似乎预兆着中国成为国际性手机设计研发中心已经不会太遥远了。如图5－15所示。

图5－15　国产手机

而与手机相比，汽车设计在国内虽然刚刚起步，但国内企业已经意识到工业设计对于汽车工业的重要性，与意大利设计大师、知名设计公司的合作预示着国内汽车工业很有可能仿效手机业发展的思路，现阶段本土汽车企业不会正面与国际巨头比拼核心技术，而转从工业设计等软创新技术出发来获得市场的认可，如奇瑞QQ在中国市场的成功就是一个很好的范例。如图5－16所示。

图5－16　奇瑞QQ

工业设计在行业应用过程中，从起初的家电产品，到手机等通信产品，然后到现在的汽车等交通工具，我们看到设计的专业化趋势越来越明显，企业对设计的要求以及专业门槛越来越高。目前，国内很多设计公司以及design house通过市场磨炼，在项目执行力方面已经非常出色，尤其在效率和成本方面比国际上一些知名设计公司毫不逊色，然而在整体创新能力方面相比国际先进设计还有很大的差距，这与中国制造业缺少自主创新意识的环境不无关系。近年来中国台湾企业如明基、华硕等原OEM背景企业，通过OEM代工国际品牌，消化了国际品牌的技术研发和品牌运作，纷纷转身从中国制造变成中国创造，短短时间内借助工业设计创新获得市场的突破。这必将给无数中国制造的企业树立榜样，让企业逐步意识到工业设计创新是当前制造企业走出国门，提升品牌形象和盈利能力的快捷方式。随着中国企业在自主创新方面尝试有所作为，国内设计业完全可以以台湾企业为榜样，仿效韩国设计起飞的传奇，通过引进国外优秀设计理念，通过对他们的解剖分析和学习模仿，必然达到赶上然后超越并最终形成中国设计的独特竞争力。当前，我们国家政府和企业界已经意识到“中国制造”必须走向“中国创造”,自主创新与品牌塑造将成为中国企业下一步的关注点,从联想购并 IBM PC,TCL 购并汤姆逊,明基并购西门子手机,我们看到中国制造走向世界创立自主品牌的决心和勇气。顺应潮流,国内工业设计界必须有所作为,应该正视自身的问题而不是一味抱怨环境恶劣,应该携手相关行业整合资源而不是孤芳自赏、单打独斗,应该拓宽自己的国际化视野、洋为中用,借鉴国内外成功的行业经验和商业模式,同时也不要妄自菲薄,应该发挥自身优势特长,自信地拓展海外市场。这么多年来,由于中国制造业的努力,中国制造的成就举世瞩目。

5.5 专业发展趋势

中国的企业家认识到,工业设计既不是设计师满足自己表现欲望的东西,更不是简单的设计包装,而是能够提升品牌、促进销售、提高消费者满意度的一种必不可少的手段。在设计潮流和设计风格上,中国的工业设计也逐渐与世界接轨,以人为本的设计、绿色设计已经逐渐提上日程。此外,结合中国地域特色及民族传统元素的本土化设计也逐步开展起来。但是中国的工业设计发展起步较晚,在新的形势下工业设计已经不能适应当前经济发展的需要,只有大力发展设计教育,推动设计产业化,重视工业设计指导下的技术与管理的重构,才能增强中国工业设计的国际竞争力。

中国的工业设计可能向以下几个方向发展。

5.5.1 绿色设计

“绿色设计”今后的发展趋势有以下几点:

(1)使用人造材料来代替天然的材料,以保护我国的自然资源;

(2)把怀旧的简洁的风格和“高科技”相结合,使用户感到产品是可亲的、温暖的;

(3)实用且节能;

(4)强调使用材料的经济性,摒弃无用的功能和纯装饰的样式,创造形象生动的造型,回归经典的简洁;

(5)产品与服务的非物质化;

(6)组合设计和循环设计。

为此,我国应该对传统工业产品开发设计的理论与方法进行改革与创新。例如图 5 - 17 ~ 5 - 19 所示案例。

设计既要满足人们的需求和解决问题,又要节能环保,同时还要出台一些相关政策来鼓励工业设计师多设计一些绿色设计的产品。

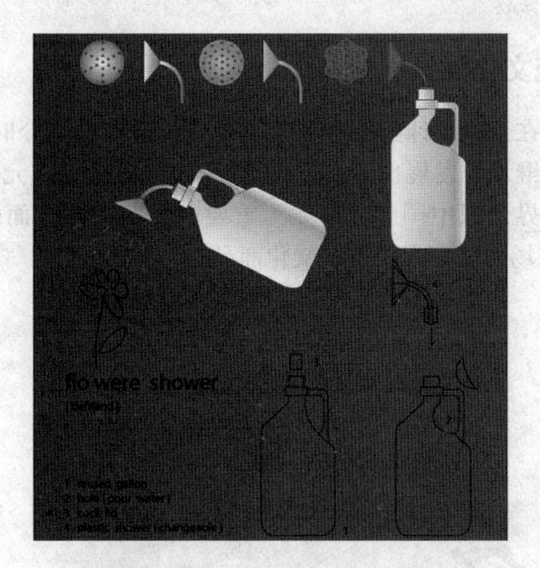

图5－17　二次利用水桶制造花洒

图5－18　废弃矿泉水瓶制造衣架

图5－19　拒绝浪费的化妆品瓶设计

5.5.2 传统文化设计

传统美学文化在工业设计上的继承及发展绿色设计是当今时代的大趋势，传统文化在工业设计上继承及发展也不能不提，当今的世界是个多元化的世界。张扬个性，传承文化，让世界认识中国就显得尤为重要。我们在这方面做得还很不够。图5-20~5-24为市场中已存在的传统文化商品。

图5-20　玉龙水龙头设计

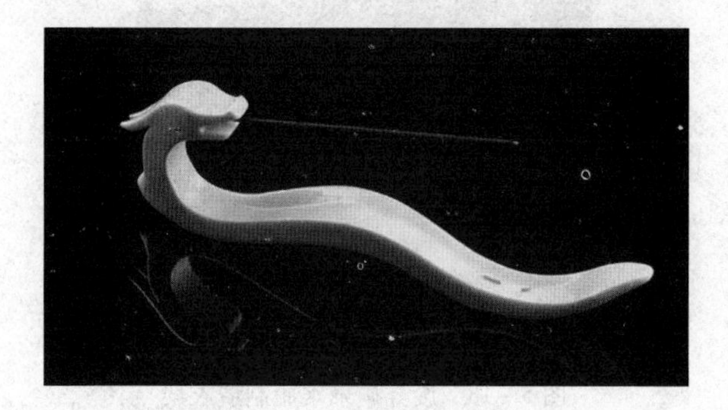

图5-21　传统文化香台设计

图5-22　传统文化包装设计

图5-23　传统文化灯具设计

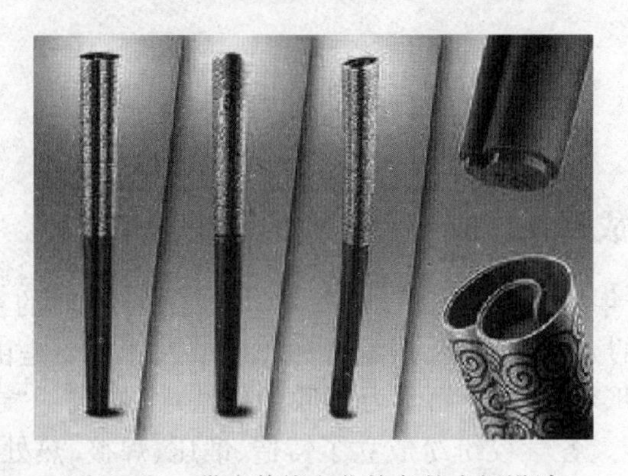

图5-24　带有传统文化特色的火炬设计

未来中国工业设计发展趋势为继承、借鉴与创新，并主动融入世界文化，是中国今后工业设计发展的必由之路。

中国传统文化有其时代局限性，所以，继承必须是发展的、批判的，要给传统文化赋予生命。同时要借鉴一些国外的先进理念和技术。由工艺美术运动发端，经历功能主义、现代与后现代主义，再到现今的人机工程学、感性工学等多元化设计科学研究趋势。如今，我们完全有理由相信，巨大的中国市场给我们设计业以后盾。放眼全球，市场的重心在中国，制造的重心在中国，设计的重心也必将转移到中国。

习　题

1. 介绍什么是工业设计？
2. 工业设计的分类有哪些？
3. 学习工业设计的目的是什么？
4. 工业设计未来的发展趋势是什么？

第6章 材料成型及控制工程

6.1 专业简介

6.1.1 材料成型及控制工程专业的历史沿革

在新中国50余年的发展历史中,本科教育长期居于绝对的主导地位,国民经济和社会发展所需要的大批应用型、技术型和职业型人才主要是由本科教育培养的。20世纪50年代初期,我国在全面学习苏联的做法中,形成了"专业对口""学以致用"的本科教育思想。各学校纷纷成立了铸造、锻压、焊接、热处理等按行业领域划分的专业。在当时特定的历史时期,这种做法对推动我国高等教育的发展和为国民经济建设培养人才起到了重要的作用。但由此也产生了很多问题,诸如:专业设置过窄、人文素质教育薄弱、教学内容陈旧、教学方法偏死、培养模式单一等。这些问题随着我国高等教育由精英教育快速向大众化教育发展而变得日益突出。

随着我国现代化建设的不断发展,社会需求的人才已从原来较单一的技术人才转变为更迫切需要适应不同生产力水平、不同产业部门的多层次、多规格的综合型人才。机械、冶金、汽车、电器、电子等国家的重点支柱产业的现代企业已经从原来需要焊接、铸造、锻压等单一专业的技术人才转变为更迫切地需要从事材料成形工艺、成形设备、自动控制及具备与此相关的其他知识和能力的应用型综合人才。材料成型及控制工程专业正是在这种大环境背景下应运而生的。20世纪80年代初期,随着材料科学与工程学科的建立,国内一些高等院校的热加工类专业转向材料类学科发展,并由此形成了热加工类专业在材料学科和机械学科各占半壁江山的局面。原金属材料及热处理专业大多转入材料学科,而铸、锻、焊专业有相当数量保留在机械学科。1998年教育部进行高等院校本科专业目录调整时,设立了材料成型及控制工程这样一个新的本科专业,其范围涵盖原来的部分机械类专业和部分材料类专业。

6.1.2 材料成型及控制工程专业简介

6.1.2.1 材料成型及控制工程专业

材料成型及控制工程专业是以成形技术为手段、以材料为加工对象、以过程控制为质量保证、以实现产品制造为目的的工科专业，主要研究的是如何改变材料的结构、提高材料的性能和改变表面形状，研究材料在热加工过程中受到其他相关工艺因素的影响，是综合材料到产品设计开发一直到产品成型的理论和方法，在现代制造业中占有举足轻重的地位。

本专业研究金属材料塑性加工理论、工艺、设备及控制等环节，探索材料成型时的力学行为、微观组织、结构变化对材料性能的影响，探索材料成型后的形状与质量控制等。并研究模具设计理论及方法，研究模具制造中的材料、热处理、加工方法等问题。

材料成型及控制工程专业是我国较多工科院校和职业技术类学校开设的重要专业。该专业培养具备机械科学、材料科学、自动化及计算机基础知识和应用能力，能够在材料加工理论、材料成型过程自动控制、成型工艺过程及装备设计和先进材料工程等领域从事科学研究、技术开发、设计制造、生产组织与管理，具有实践能力和创新意识的复合型高级工程科技人才。该专业分为焊接成型及控制、铸造成型及控制、压力加工及控制以及模具设计与制造四个培养模块。鉴于模具在机械制造领域的广泛应用，使得模具制造技术已成为材料成型及控制工程技术中最为重要的技术部分。

6.1.2.2 材料成型中的模具介绍

模具作为“工业之母”，已成为工业生产最为重要的工艺装备，在工业生产各行业中起着举足轻重的作用。模具有塑料模、冲压模、铸造模和锻造模等模具分类，其中塑料模就有注塑模、吸塑模、挤塑模和吹塑模等不同的塑料模具类型。由于工业生产对模具制造及应用的迫切需求，促使很多高等院校和职业技术类学校都普遍开设了模具制造及相关方面的专业，其中注塑模具往往是该类专业重点培养的专业方向，其实际应用相当广泛。

近些年来我国的模具制造技术已经取得较大程度的进步。在取得进步的同时，塑料模具在我国的发展增长迅速，这主要是源于各行业对于塑料产品的大量需求。根据《2013—2017 年中国模具制造行业细分产品产销需求与前景预测分析报告》的调查数据显示，目前我国的塑料模具在整个模具行业当中占据有 1/3 的比例。由于塑料具有传统金属所不具备的诸多优点，并且伴随着塑料材料和成型技术重大的技术突破，传统的材料在很多领域都被塑料所取代。根据预测，模具市场的整体变化趋势较为平稳，但是塑料模具的发展速度将会明显优于其他模具，在整个模具市场中占有的比例也会有所提升。在这一模具行业的变化趋势之下，模具制造技术适应变化的需求是其必然的选择。

6.1.2.3 材料成型中的快速成型技术介绍

快速成型(Rapid Prototyping，RP)技术是 20 世纪 80 年代中后期发展起来的、观念全新的现代制造技术。与传统的去除成形不同，快速成型是基于一种全新的制造概念 3D 打印。它是在计算机控制下，基于离散、堆积的原理采用不同方法堆积材料，最终完成零件的成形与制造的技术。从成形角度看，零件可视为“点”或“面”的叠加。从 CAD 电子模型中离散得到“点”或“面”的几何信息，再与成型工艺参数信息结合，控制材料有规律、精确地由点到面，由面到体地堆积零件。

目前，世界上已有几十种不同的快速成型工艺方法,已经比较成熟的就有十余种,其中光固化成型法(Stereo Lithography Apparatus,SLA)、叠层实体制造法(Laminated Object Manufacturing,LOM)、熔融沉积法(Fused Deposition Modeling,FDM)和选择性激光烧结法(Selective Laser Sintering,SLS)四种方法自 RP 技术产生以来在世界范围内应用最为广泛。但值得一提的是,三维打印(Three Dimensional Printing and Gluing,3DPG 或 3DP)技术已经成为最近几年最热门和发展最为迅速的工艺方法。

6.2 主干课程

6.2.1 主干课程

本专业主干学科:机械工程、材料科学与工程、力学。

本专业主干课程:机械制图、理论力学、材料力学、电工与电子技术、机械设计、材料成型技术基础、材料成型工艺与模具设计、材料成型检测与控制、材料分析测试技术、材料成型设备等。

附表 6 - 1 为我校材料成型及控制工程专业学科专业基础课分布情况,附表 6 - 2 为我校材料成型及控制工程专业专业课分布情况。

6.2.2 实践教学环节

加强实践教学环节理论联系实际对实现人才培养目标是非常重要的。为了保证材料成型及控制工程专业的实践环节,除了校内的相关课程设计和实习外,在校外,本专业以齐齐哈尔二机床(集团)有限责任公司、鑫达、哈飞、微宏等作为长期实习基地,并推荐部分学生直接到用人单位进行毕业设计,使理论与生产实践紧密结合。形成了具有自身特点、适合专业方向和生产实际的较为完整、有效的实践教学体系。

图 6 - 1 为学生在校内进行实验学习,图 6 - 2 为学生参加校外齐齐哈尔二机床厂实习,图 6 - 3 为本专业部分校企合作单位。附表 6 - 3 为材料成型及控制工程专业实践教学环节分配情况。

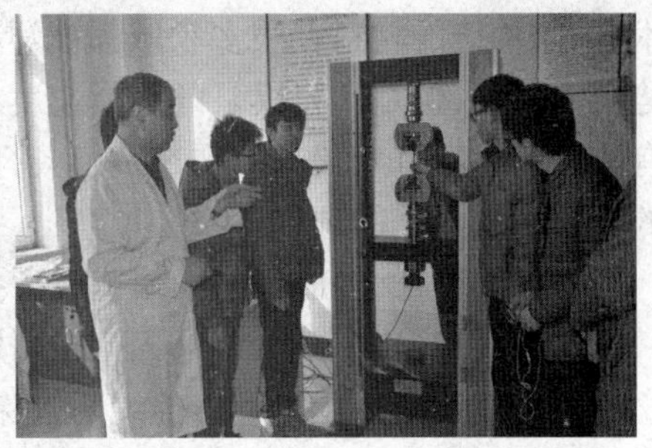

图 6 - 1　学生在校内实验情况

图 6－2　学生进行校外实习

图 6－3　本专业部分校企合作单位

6.3　培养目标及就业情况

6.3.1　培养目标

我校根据社会对材料成型及控制工程专业人才的需求和学校实际情况提出了较为科学、合理的人才培养目标并将其逐步落实到人才培养过程的各个环节上。

本专业培养德智体美全面发展，适应经济社会发展需要，掌握材料成型及控制工程专业的基本理论和基本知识，具有从事材料成型领域的设计、制造及生产控制管理的基本能力，具有高度社会责任感、创新创业精神、实践能力和务实作风的高素质应用型一线工程技术人才。

本专业学生主要学习材料科学与工程、机械工程方面的基本理论和基本知识，接受工程师专业素质的基本训练，具备在材料成型及控制工程领域从事设计、制造、生产控制管理等方面的能力。

毕业生应获得以下几方面知识和能力：

(1)具有本专业所需的数学与自然科学、人文社会科学基础，具有良好的职业素养和较强的社会责任感；

(2)掌握机械设计及制造、材料加工冶金传输与材料成型的基本理论和基本知识，初步掌握材料成型工艺与设备及相关的检测、控制技术的基本原理和基本方法；

(3)具有材料成型及控制工程专业所需的制图、设计、计算、检测与控制、基本工艺操作、生产组织管理等初步能力；

(4)掌握模具设计制造的基本原理和方法，具有模具设计的初步能力；

(5)掌握文献检索查询、技术交流的基本方法，了解材料成型及控制工程技术发展前沿动态，具有运用现代工具手段获取信息的能力；

(6)具有一定的计算机和外语运用能力，具有从事实际工作和科学研究的初步能力；

(7)具有终身学习意识、持续提高自己的能力与团队合作精神。

学校实行弹性学制管理，标准学制为 4 年，在校修读年限为 4 ~6 年，自主创业学生最多修业年限可 8 年。本专业全程培养总学分为 180 学分，其中理论教学 140 学分、实践教学 40 学分。

6.3.2 就业情况

材料成型及控制工程专业的出现符合现代工业发展的要求并以现代企业人才的需求为依托，所以该专业人才具有良好的就业前景。其中大企业中的汽车制造业、沿海开放地区的电器制造业、模具制造业等各类相关企业中，对本专业人才的需求更集中、更大，学校、科研院所甚至有关经营、管理部门也是本专业人才需求市场不可忽视的部分。材料成型及控制工程专业培养的人才比原来单一专业的人才所具备的知识结构更合理、知识面更宽，所具有的综合素质更好，适应性更强，并能充分体现面向我国经济建设主战场培养的应用型综合技术人才的特点。

我校本专业毕业生能在材料、机械、汽车、冶金、电子信息等行业的中外企事业单位基层部门从事材料成型领域相关的实际工作。

6.4 专业发展现状

材料成型及控制工程专业与机械设计制造及自动化专业、机械电子工程专业、工业设计专业和过程装备与控制工程专业均隶属于机械学科，要求共同的机械工程基础理论。以材料为加工对象的特点决定了材料科学也成为本专业的基础知识,而以过程控制为质量保证措施这一特点,决定了控制理论也成为本学科基础知识的重要组成部分。因此,材料类学科专业和自动化专业及计算机科学与技术专业等都成为与本专业密切相关的学科。此外,随着科学技术的发展和学科交叉,本专业比以往任何时候都更紧密地依赖诸如数学、物理、化学、微电子、计算机、系统论、信息论、控制论及现代化管理等各门学科及其最新成就。

材料成型及控制工程这一隶属于机械学科、具有机械类学科典型特征的专业,同时还具有浓厚的材料学科的色彩,成为一个业务领域宽、知识范围广的名副其实的宽口径专业。继续进行深入研究,准确界定专业内涵,对专业的发展具有重要的意义。

目前,国内有百余所高等学校设有材料成型及控制工程专业,其中多数以原来的热加工类专业(如铸造、塑性加工、焊接、热处理等)为主体。由于各院校原有的专业基础不同,专业的定位及发展目标也不尽相同,因此在培养模式及培养计划方面也存在较大差异。

由于各高校的材料成型及控制工程专业原来的基础不尽相同,在专业人才培养规格方面的要求也不尽相同,部分院校还没有摆脱原专业的框架,仅在原专业基础上进行调整和修改,这种调整和修改往往缺乏对专业内涵和专业发展的前瞻性的准确把握,所以表面上虽然形成了一种“百花齐放”的局面,但实际上却是不完善的临时措施,仍有发展的空间。

6.5　专业发展趋势

6.5.1　材料成型及控制工程专业发展趋势

材料成型及控制工程专业既不完全是按照行业特点设立的专业,也不是按照学科特征设立的专业,因此其发展具有其特殊性。按照对目前本专业的情况及市场需求情况进行分析,本专业今后的发展将主要表现为以下几个方面:

1. 先进制造技术将成为本专业今后的主导技术发展方向

进入21世纪后,制造技术的发展将随着市场的全球化、竞争的激烈化、需求的个性化、生产的人性化而体现出制造技术的信息化、科学化和服务化的趋势。先进制造技术是传统制造业不断吸收机械、电子、信息、材料及现代管理等方面的最新成果,将其综合应用于制造的全过程,以实现优质、高效、低消耗、敏捷及无污染生产的前沿制造技术的总称。当今制造技术的主要发展趋势是:制造技术向着自动化、集成化和智能化的方向发展;制造技术向高精度方向发展;综合考虑社会、环境要求及节约资源的可持续发展的制造技术将越来越受到重视。

铸、锻、焊技术目前正向着近净成形、近无余量加工、精密连接、微连接与微成形等方向发展,并由此构成先进制造技术的重要组成部分。

2. 厚基础、宽专业将成为本专业人才培养的主要模式

材料成型及控制工程专业是一个具有典型材料学科特征的机械类学科,机械学科和材料学科的基础知识构成了本学科的基本知识体系。这一特点决定了材料成型及控制工程专业人才培养必然是宽口径的,而由机械学科和材料学科的基础知识共同构架的材料成型及控制工程专业基础也必然是雄厚的。随着原有专业的融合和科学技术的发展,本专业人才培养必然走向厚基础、宽专业的模式。

3. 在今后一段时期内,分类培养仍将占据主要的地位

目前,大多数高等院校的材料成型及控制工程专业还按照区分不同的专业方向的模式进行人才培养,这一方面是由于在由老的铸、锻、焊相关专业向新的材料成型专业转型时还难以完全摆脱原有的专业痕迹,另一方面,市场对人才的需求也还没有适应专业的变化,仍然按照行业特征来招聘人才。这种情况还将持续一段时间,并将随着社会和工厂企业的专业人才培训功能的建立和完善而逐渐发生变化。

6.5.2 模具技术前景

目前,我国在经济领域取得了长足的进步,与此同时,行业之间竞争也变得越来越激烈。在此背景下,传统的理论和实践成果受到了极大的冲击,各大制造企业在经营和发展的过程中对材料成型领域愈加重视,正是由于这样的趋势使得此类技术的发展水平得到明显的提升。国际上的先进国家,材料成型行业发展都在朝着更加精确的方向发展。诸多对国民经济构成重大影响的产业如若要实现发展,就必须依靠这一技术。模具制造技术在其自身的发展过程中被应用到工业生产的方方面面,在面对当前全球化的经济背景之下,每个企业都在想尽各种办法寻求能够跟上时代发展的步伐,这被视为企业的制造研发能力的一个重要反映,很多企业都在完善和发展材料成型加工技术,材料成型加工技术能否适应并符合当今时代的发展要求是一个重要的标志,如果其理论和研发不能够用于实践,其技术的研究和发展就失去原有的意义。只有在现实的基础之上寻求技术的突破和改进,才能够更好地将其运用在企业生产制造当中,从而更好地服务于企业的发展。

机械制造产业是国民经济的支柱产业,其发展在国民经济中起到决定性的作用。材料成型及控制工程的模具制造技术是机械制造行业生存与发展的基础技术。在科技发展日新月异的今天,技术在不断发展,科学技术被最大限度地加以利用并服务于人类的生活与工作。技术在生活与工作领域的表现与所扮演的角色很容易让人们明白它所起到的巨大作用。同样,材料成型及控制工程的模型制造技术对于各个先进技术的推动作用是保持模具制造业发展的强大动力。

6.5.3 快速成型技术发展趋势

1. 金属零件、功能梯度零件的直接快速成型制造技术

目前的快速成型技术主要用于制作非金属样件,由于其强度等机械性能较差,远远不能满足工程实际需求,因此其工程化实际应用受到较大限制。从 20 世纪 90 年代初开始,探索实现金属零件直接快速制造的方法已成为 RP 技术的研究热点,国外著名的 RP 技术公司均在进行金属零件快速成型技术研究。可见,探索直接制造满足工程使用条件的金属零件的快速成型技术,将有助于快速成型技术向快速制造技术的转变，能极大地拓展其应用领域。此外，利用逐层制造的优点，探索制造具有功能梯度、综合性能优良、特殊复杂结构的零件，也是一个新的方向发展。

2. 概念创新与工艺改进

目前，快速成型技术的成型精度为0.01 mm数量级，表面质量还较差，有待进一步提高。最主要的是成型零件的强度和韧性还不能完全满足工程实际需要。因此，如何完善现有快速成型工艺与设备，提高零件的成型精度、强度和韧性，降低设备运行成本是十分迫切的。此外，快速成型技术与传统制造技术相结合，形成产品快速开发、制造也是一个重要趋势，如快速成型技术结合精密铸造，可快速制造高质量的金属零件。另一方面，许多新的快速成型制造工艺正处于开发研究之中。

3. 优化数据处理技术

快速成型数据处理技术主要包括将三维CAD模型转存为STL格式文件和利用专用RP软件进行平面切片分层。由于STL格式文件的固有缺陷，会造成零件精度降低；此外，由于平面分层所造成的台阶效应，也降低了零件表面质量和成型精度。优化数据处理技术可提高快速成型精度和表面质量。目前，正在开发新的模型切片方法，如基于特征的模型直接切片法、曲面分层法。

4. 开发专用快速成型设备

不同行业、不同应用场合对快速成型设备有一定的共性要求，也有较大的个性要求。如医院受环境和工作条件的限制，外科大夫希望设备体积小、噪声小，因此开发专门针对医院使用的便携式快速成型设备将很有市场潜力。另一方面，汽车行业的大型覆盖件尺寸较大，因此研制大型的快速成型设备也是很有必要的。

5. 成型材料系列化、标准化

目前快速成型材料大部分是由各设备制造商单独提供，不同厂家的材料通用性很差，而且材料成型性能还不十分理想，阻碍了快速成型技术的发展。因此，开发性能优良的专用快速成型材料，并使其系列化、标准化，将极大地促进快速成型技术的发展。

6. 拓展新的应用领域

快速成型技术的应用范围正在逐渐扩大，这也促进了快速成型技术的发展。目前快速成型技术在医学、医疗领域的应用，正在引起人们的极大关注，许多科研人员也正在进行相关的技术研究。此外，快速成型技术结合逆向(反求)工程，实现古陶瓷、古文物的复制，也是一个新的应用领域。

21世纪将是以知识经济和信息社会为特征的时代，制造业面临信息社会中瞬息万变的市场对小批量多品种产品要求的严峻挑战。作为当今制造行业中极具潜力的工艺技术，快速性、高度集成化等优点使快速成型技术在推广应用后将明显缩短新产品的上市时间，节约新产品开发费用。但是，快速成型技术仍然是一种处在发展完善过程的高新技术，其技术本身和应用领域尚需进行大量的开发研究。随着人们对快速成型技术研究越来越深入，其将被广泛地应用到生产、生活的各个领域。在未来，作为一门多学科交叉的先进制造技术，快速成型技术将推动相关技术、产业的发展，其与其他技术的结合运用将是制造业发展的趋势。

习　题

1. 简要介绍什么是材料成型与控制工程。
2. 简述材料成型与控制工程专业的主干课程。
3. 学习材料成型与控制工程的目的是什么？
4. 材料成型与控制工程未来的发展趋势是什么？

附　　表

附表 6－1　材料成型及控制工程专业学科专业基础课分布

课程类别	课程性质	课程代码	课程名称	学时分配				学期、周数、周学时数							
				总学分	总学时	讲课	实验	一	二	三	四	五	六	七	八
								13	16	13	15	13	11	8	0
学科专业基础课	必修课	08020100	机械制图	5.5	96	96		5×12	4×9						
		08020120	机械工程专业导论	1	20	20		2×10							
		08050010	机械工程材料	2	32	28	4		4×8						
		08050020	金属工艺学	2	36	34	2		4×9						
		08020130	理论力学	3	52	52				4					
		08020140	材料力学	3.5	60	52	8				4				
		08020150	机械原理	3.5	60	50	10				4				
		08020170	机械设计	4	72	64	8					6			
		03020970	电工与电子技术	4	72	62	10			6×12					
		08020161	机械精度设计与检测基础	1.5	30	24	6					3×10			
		02010980	物理化学	2	36	36						4×9			
		08050030	材料冶金传输原理	2.5	48	48							6×8		
		小计		34.5	614	566	48	6	7	10	8	11	4		

续附表 6 – 1

课程类别	课程性质	课程代码	课程名称	学时分配				学期、周数、周学时数							
				总学分	总学时	讲课	实验	一	二	三	四	五	六	七	八
								13	16	13	15	13	11	8	0
学科专业基础课	限选课	08020111	计算机绘图	1.5	24	12	12			2×12					
		08020211	机械制造技术	2.5	48	44	4					4			
		08040010	机械工程控制基础	2.5	48	44	4					4			
		08050040	专业外语	2	32	32								4	
		08040051	单片机原理及应用	2	32	26	6							4	
		小计（至少选 6 学分）		6	104	88	16			2		4		4	

附表 6-2　材料成型及控制工程专业专业课分布

课程类别	课程性质	课程代码	课程名称	学时分配				学期、周数、周学时数							
				总学分	总学时	讲课	实验	一	二	三	四	五	六	七	八
								13	16	13	15	13	11	8	0
专业课	必修课	08050050	材料成型设备	2.5	48	44	4							6	
		08050060	材料分析测试技术	2.5	48	44	4						4		
		08050070	材料成型检测与控制	2.5	48	48							4		
		08050080	材料成型技术基础	2.5	48	48						4			
		08050120	模具数控加工技术	2.5	48	48							4		
		08050090	塑料成型工艺与模具设计	2.5	48	44	4						4		
		小计		15	288	276	12					4	16	6	
	限选课	08050110	模具制造工艺学	2	36	36							3		
		08040410	液压气压传动与控制	2.5	48	42	6				4×12				
		08050100	冲压成型工艺与模具设计	2	36	34	2					3			
		08050220	模具检测技术	2.5	48	48							4		
		08020230	先进制造技术	2	36	34	2						4×9		
		08050130	塑性成形原理	2	36	36							3		
		小计(至少选 6.5 学分)		6.5	120	112	8				3	3	7		

附表6－3　材料成型及控制工程专业实践教学环节

课程代码	名称	内容	学期	周数	学分	场所
15011010	军训	军训及入学教育	1	2	2	校内
08021010	机械制图课程设计	典型部件装配图及零件图测绘	2	1	1	校内
14010010	金工实习	车、铣、刨、磨等工艺流程	3	4	4	工程训练中心
08021200	机械原理课程设计	牛头刨床、摇摆输送机机构设计	4	1	1	校内
08041310	液压气压传动与控制课程设计	机床液压系统设计	4	1	1	校内
08051030	专业实习	注塑模具加工工艺	5	1	1	校办工厂校企联合企业
08021340	专业实习	机械制造生产实习	5	4	4	齐齐哈尔二机床(集团)有限责任公司
08021320	机械设计课程设计	二级减速器设计	6	3	3	校内
08021330	机械制造技术课程设计	夹具设计	6	2	2	校内
08051020	课程设计	塑料成型工艺与模具设计	7	2	2	校内
08051040	专业综合实习	企业综合实习	7	5	3	校外(鑫达、哈飞等校企合作企业)
08051050	毕业实习	毕业实习	7	3	2	(鑫达、微宏等校企合作企业)
31011010	公益劳动			(2)		校内(分散进行)
31011020	社会调研		2	(1)		校外(假期进行)
31011030	志愿服务		4	(1)		校外(假期进行)
08051060	毕业设计	毕业设计	8	14	14	校内/校外(鑫达、微宏等校企合作企业)
合计				43(47)	40	

姓名	＊＊＊
班级	＊＊＊
学号	＊＊＊（请填写）
成绩	
日期	

机械工程专业导论

调查报告

第一部分　机械大类及专业认知

1. 什么是机械大类？

2. 如果选择三个专业，请按照喜欢程度分别列出三个专业的名字？

3. 喜欢这个（第一个）专业的理由是什么？

第二部分　如何度过大学生活

4. 我热爱的专业都修哪些主干课程?

5. 喜欢学哪门课程,为什么?

6. 打算如何完成本专业的学习?

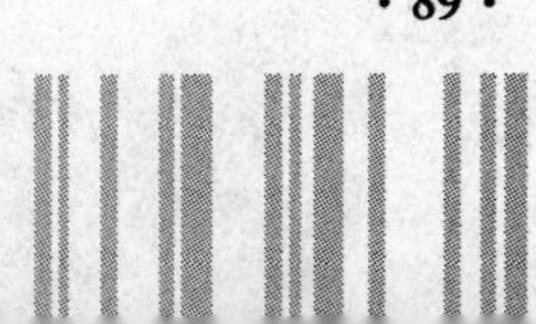

第三部分　毕业后做一个什么样的人

7. 毕业后是否想从事本专业的职业？

8. 你对自己未来的梦想是什么,毕业后想从事什么职业？

学习心得:(不少于200字心得体会与建议,文体不限)

参考文献

[1] 中华人民共和国教育部高等教育司. 普通高等学校本科专业目录和专业介绍(2012 年)[M]. 北京:高等教育出版社,2012.

[2] 余扬,薛梅. 高考专业报考全新导读——解读教育部本科专业目录(工学 Ⅰ)[M]. 西安:西安电子科技大学出版社,2013.

[3] 刘玉梅. 机械类专业毕业设计指导与案例分析(普通高等教育"十二五"规划教材)[M]. 北京:水利水电出版社,2014.

[4] 陈仪保,马国清. 机械类人才创新实践能力研究[M]. 北京:高等教育出版社,2014.

[5] 杜继涛. 机械类创新案例分析[M]. 杭州:浙江大学出版社,2017.

[6] 冯斌,柴蓉霞,杨满芝. 基于大类招生的机械工程类人才培养模式改革与实践[J]. 教育教学论坛,2018(04):71 - 73.

[7] 吴国兴,范君艳,樊江玲. 智能制造背景下应用型本科机械类专业人才培养[J]. 教育与职业,2017(16):89 - 92.

[8] 高成冲,张杰. 应用型本科院校机械类专业 CDIO 工程教育实践探索[J]. 南京工程学院学报(社会科学版),2015,15(03):74 - 80.

[9] 高成冲,张杰. 应用型本科院校机械类专业 CDIO 工程教育实践探索[J]. 南京工程学院学报(社会科学版),2015,15(03):74 - 80.

[10] 教育部高等教育司. 普通高等学校本科专业目录和专业介绍. 1998 年颁[M]. 北京:高等教育出版社,2005.

[11] 教育部高等教育司. 普通高等学校本科专业目录和专业介绍. 2012 年颁布[M]. 北京:高等教育出版社,2012.

[12] 杨家林. 快速成型技术研究现状与发展趋势[J]. 热加工技术,2003(1):25 - 28.

[13] 张斌,张世伟. 过程装备与控制工程专业方向改革及特色专业建设的初步认识与创新[J]. 化工高等教育,2011,28(2):50 - 53.

[14] 郭慕孙,杨纪珂. 过程工程研究[J]. 过程工程学报,2008:8(4):625 - 634.

[15] 原研哉. 设计中的设计[M]. 济南:山东人民出版社,2006.

[16] 王受之. 世界现代设计史[M]. 北京:中国青年出版社,2015.

[17] 马瑾,娄永琪. 新兴实践:设计的专业、价值和途径[M]. 北京:中国建筑工业出版社,2014.

[18] 窦金花. 工业设计概论(双语全国高等院校工业设计专业系列规划教材)[M]. 北京:北京大学出版社,2017.

[19] 程能林. 工业设计概论[M]. 北京:机械工业出版社,2011.

[20] 材料成型及控制工程专业教学指导分委员会. 材料成型及控制工程本科专业发展战略研究[J]. 高等学校理工科教学指导委员会通信,2005(8):262-265.

[21] 阮雪榆. 21 世纪数字化塑性成形技术与科学[J]. 模具技术,2003(2):27-30.

[22] 教育部高等教育司. 普通高等学校本科专业目录和专业介绍. 2012 年颁布[M]. 北京:高等教育出版社,2012.

[23] 谭永林. 材料成型及控制工程的模具制造技术[J]. 企业技术开发,2016(18):106-108.